새로
숨쉬는
공간

새로
숨쉬는
공간

조병수의
재생건축
도시재생

열화당

프롤로그

숨을 불어넣는 건축

약 삼십 년 전인 1989년, 캐나다 몬트리올의 세인트 로렌스 강 부두와
선착장은 점차 쇠퇴하고 있었다. 한때 선박을 이용한 교통과 산업의
요지였으나, 1950년대 전후로 고속도로가 개발되면서 선착장은
방치되었고, 부둣가는 점차 활기를 잃었다. 몬트리올 시는 낡은 선착장을
없애고 새로운 건물을 구축해 도시에 활기를 다시 불어넣고자 했지만 나의
생각은 달랐다.

나는 오랜 시간의 흔적을 간직하고 있는 땅과 건축물이 민낯을 드러냈을
때 느껴지는 자연스러움이 중요하다고 생각했다. 오랫동안 방치되어 있던
대규모 부두와 선착장에 대해 조사하기 시작했다. 장소에 관한 연구를
하던 중 부두에 거대한 곡물 창고가 있었다는 것을 알게 되었지만, 그
건물은 1970년 흉물로 치부되어 하루아침에 철거되었고, 무척 안타까웠다.
부둣가도 곡물 창고처럼 흔적도 없이 사라지지 않게 하기 위해서 부둣가의
새로운 가치와 기능을 부여해야 했다. 산업시설물의 강직함과 과거의
기억을 되살리기 위해 모진 풍파를 견뎌낸 묵직한 콘크리트를 활용했다.
비록 이 프로젝트는 계획안을 제시하는 것에 그쳤지만, 이때부터 나의
재생건축에 관한 관심이 본격적으로 시작되었던 것 같다.

사람들은 흔히 '재생(再生)'이란 단어를 단순히 '재활용'의 개념으로만
생각하는 경우가 많다. 하지만 건축에서 재생은 다시 사용한다는 가치를

넘어 전혀 다른 새로운 공간을 만드는 창의적인 비전이 더해졌을 때,
재생건축이라 말할 수 있다. 새로운 비전을 만들지 못하고 도식화된
형식이나 방식만을 따른다면, 재생에 대한 단순한 이미지만 만들 뿐
생명력이 없다. 새것이 낡은 것을 뭉개고 올라서거나, 낡은 것만 고집하여
새로운 것마저 낡은 것처럼 보이게 하는 것은 올바른 재생건축이 아니다.
나는 앞서 언급한 몬트리올 해양박물관을 시작으로 루가노 도시발전사
박물관(1990)과 보스턴 열린극장(1991), 중앙청 지하 박물관(1995/2017)
등 다양한 도시재생 프로젝트에서 도시의 새로운 정체성을 가져다 줄
수 있는 전략을 제시해 왔다. 최근에는 오일팔 민주평화교류원과 F1963,
임랑문화공원 등 역사와 문화 콘텍스트를 반영한 프로젝트에서 과거와
현재가 공존할 수 있는 건축 방법론을 제안했다. 재생건축은 새로 건물을
짓는 것보다 더 많은 인내심이 필요한 것 같다. 기존 건물과 땅, 구조물
등 주변 상황을 고려해야 하고, 환경, 문화, 역사에 대한 가치를 꼼꼼히
따지고 기록하며 이해하고 받아들여야 한다. 이러한 인고의 시간을 거치며
재활용이라는 물리적 한계를 넘어 재생건축의 몇 가지 방법론을 발견하게
되었다.

'드러내기', '잘라내기', '덧붙이기'는 새로 지은 건물에서는 사용되지
않는, 재생건축에서만 가능한 건축 방식이며 새로 숨쉬는 건축을 향한
작은 과정이라고 말할 수 있다. '드러내기'는 기존에 존재하는 것, 존재했던
것을 보여줌으로써 우리가 지나쳤던 무수한 삶의 이야기를 들을 수 있는
방법이고, '잘라내기'는 과감히 기존 구조나 형식 등을 잘라내 단부를
보여줌으로써 막혀 있던 건물에 숨통을 트이게 하는 방법이다. 또한
'덧붙이기'는 새롭게 요구되는 요소와 구조를 덧붙여 시대의 변화에
대응하게 하는 것이다. 세 가지 방법은 과거와 미래를 중첩하고, 주변의
물리적 맥락을 연결하며, 세상을 향한 비전을 제시한다. 물론 몇 개의
수법만으로 진정한 재생건축을 완성할 수 있는 것은 아니다. 하지만
몇몇 방법의 틀을 정의해 보고 그간 우리가 진행한 프로젝트들을
들여다봄으로써 어떻게 재생건축을 새로 숨쉬는 건축으로 만들 수 있을지
확인해 보고자 한다. 또 시대를 초월해 주변 맥락과 호흡하고 나아가

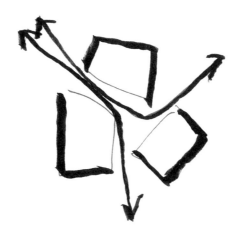

'잘라내기' 개념 드로잉.

사회로 환원할 수 있는 착한 건축이란 무엇일지 함께 생각해 보려 한다.

이 책을 만들어야겠다고 생각한 것은 부산에서 F1963을 마치고 인천의 새로운 프로젝트인 상상플랫폼을 시작하면서부터였다. 이 두 프로젝트는 성격과 대지의 콘텍스트 등에서 상당히 다른 조건을 가지고 있었지만, 비슷한 문제점과 접근법이 있었다. 이는 어떤 면에서 보면 큰 스케일의 재생건축, 도시재생에서 발생하는 일반적인 문제점과 가능성이기도 하다는 생각이 들었다. 이를 계기로 지난 삼십 년 가까이 지나온 작업들을 들여다보았다. 유학 시절 석사과정 스튜디오 작업들부터 이미 재생건축, 도시재생 프로젝트를 하고 있었음을 발견하고 놀라지 않을 수 없었다. 물론 미국과 유럽의 프로젝트에는 기존 건물이 이미 있었고, 시와 정부에서는 그 건물을 허물고 새로운 건축물을 제안하길 원했다. 하지만 나는 '존재하는 것, 존재했던 것'의 의미와 아름다움에 매료되어 기존의 것을 살리는 건축을 제안했다. 또 나의 재생건축, 도시재생에 대한 남다른 관심은 땅과 주변 대지에만 머물지 않고, 길거리에서 주운 물건, 파운드 오브젝트와 같은 것에도 존재했다. 이러한 집착과 애착이 지금의 재생건축, 도시재생 프로젝트로 이어졌던 듯하다.

'덧붙이기'와 '드러내기' 개념 드로잉.

삼십 년이 훌쩍 지나서 찾은 발견을 바탕으로 한 권의 책을 묶어 다른
사람들과 재생에 관해, 존재하는 것에 관해 나누면 좋겠다고 판단했다.
하지만 과정이 생각만큼 쉽지 않았다. 급작스레 준비하다 보니 원고들이
흩어져 있었고, 삼십 년간의 자료들은 손도면부터 시작해서 캐드, 랜더링에
이르기까지 표현 방식이 각양각색이라 내부 직원들의 인내와 고충이 컸다.

하지만 이 책과 상상플랫폼을 작업하면서 도시재생에 대한 전시와
두 번의 특강을 진행했고 비씨에이치오 파트너스(BCHO PARTNERS)
식구들과 재생건축에 대해 많은 토론과 의견을 나누는 계기가 되었다.
또 오랜 친구인 천의영 교수, 레이프 한센 교수 등과 재생 관련 이슈와
가능성을 논의하며 서로의 생각을 정리할 수 있었다. 이런 과정이 나를
비롯해 비씨에이치오 파트너인 윤자윤 소장과 글과 자료를 정리하고
다듬었던 이치훈 대리에게도 큰 가르침과 깨달음이 되길 바란다.

무엇보다 이 책의 출발이 된 F1963의 건축주 홍영철 회장님 내외분께도
감사드린다. 또한 흔쾌히 출판을 허락해 준 열화당의 이수정 실장과
디자인 작업을 해 준 박소영 디자이너, 초기 편집에 큰 도움을 준 공을채
편집자에게도 감사드린다.

이 책에서는 나와 비씨에이치오 파트너스가 길게는 삼십 년, 짧게는
이십여 년간 진행했던 열세 개의 작업이 담겨 있다. '드러내기, 잘라내기,
덧붙이기'의 방법들을 활용한 각각의 프로젝트는 장소가 가진 시간의
흐름을 엮어내기 위해, 물리적, 환경적, 사회문화적 연결을 시도하고
있음을 알 수 있을 것이다. 낡고 없어져야 하는 건물로 생각했던 것이
존중되었을 때, 새로움이 더욱 돋보이고 함께 살아가는 도시와 사회가
만들어진다는 사실을 확인하길 기대한다.

2020년 10월
조병수

덧붙이기—얹기

인터뷰

옛것과 새것의 조화를 고민하다

조병수×레이프 한센(Leif H. Hansen)

레이프 한센(이하 한센)　조병수의 건축을 살펴보면 시간과 장소의 유기적
흐름, 즉 역사를 중요하게 생각하는 것 같다. 건축가에게 역사란 무엇인가?

조병수(이하 조)　역사는 단순히 우리가 어떻게 살아왔는지에 대한 기억만을
의미하는 것은 아니다. 역사에서 우린 많은 것을 배우고, 새로운 것을
창작할 수 있다. 나에게 역사는 현재 우리 자신을 발견하는 요소이고,
역사는 우리의 현재를 이해하고 미래를 예견하는 데 중요한 토대다. 시간과
장소의 흐름을 유기적으로 연결해야 하는 재생건축에서는 특히 역사가
중요하다고 믿는다.

한센　동양건축을 이야기할 때 오래된 것과 새것의 균형을 의미하는
와비사비(わび·さび)를 언급하곤 한다. 일본의 절에 가면 오래된 나무에서
새로운 나무가 자라나는 광경을 볼 수 있다. 당신이 생각하는 옛것과
새것은 무엇인가?

조　옛것과 새것은 단지 추상적인 개념이라고 생각한다. 내가 옛것으로
구분하는 것은 '이제 여기 없는 것, 낡은 것'과 같다. 전통을 논의할 때,
우리는 마치 옛날 이야기처럼 말하지만 전통은 시간에 따라 연속적으로

이어져 오는 것이다. 세상에 완전히 새로운 것은 존재하지 않는다. 과거에 등장했지만 현대로 넘어오면서 변화하고 새롭게 인지된 것이다. 이 개념은 디자인 트렌드와 패션 분야에서 훨씬 더 명확하게 구별되는 것 같다. 즉, 나에게 '새것'과 '오래된 것'은 명확하게 다른 것이나 반대되는 것은 아니다. 그 둘 사이에는 관계성뿐만 아니라 연속성 또한 존재한다. 둘의 관계는 경우에 따라 다르게 나타나는 만큼 나는 그 둘을 관찰해 새로운 관계성으로 태어나게 하는 데 흥미있다.

한센 그렇다면, 건축에서 오래된 것과 새로운 것이 어떻게 만나야 한다고 생각하는가?

조 오래되고 역사적인 것을 낡고 가치없다며 쉽게 판단하여 없애 버릴 게 아니라, 새것과 함께 창의적이고 새로운 방식으로 어우러지게 함으로써 옛것과 새것의 건축이 생명력을 가질 수 있다. 또한 오래된 것이 새것과 있을 때 더 낡아 보이는 것이 아니라, 서로를 돋보이게 할 수 있다. 만일 파란색과 노란색이 나란히 있다고 가정해 보자. 상반된 두 색은 한쪽에 치우치지 않고, 각기 선명하고 도드라져 보인다. 옛것과 새것 혹은 가볍고 무거운 것을 다룰 때도 크게 다르지 않다. 전혀 다른 요소의 배치나 표현 방법에 따라 조화를 이룰 수 있다. 흥미로운 방법 중 하나는 각각 나란히 배치하여 두 요소 사이의 관계성을 드러내는 것이다. 이때 새로운 부분의 제안은 오래된 것에 대한 이해와 존중에서 출발해야 하고, 그 관계는 다른 사람들이 예상하지 못했던 창의적인 것이어야 한다.

한센 좀 더 구체적으로, 새로운 것과 오래된 것을 효과적으로 연결할 수 있는 방법에는 무엇이 있을까?

조 나는 이제까지 프로젝트를 진행하면서 재생건축에 관한 다양한 실험들을 해 왔다. 그 중 '보스턴 열린극장: 완벽한 혼돈'은 폴 루돌프(Paul Rudolph)가 보스턴에 설계한 정부서비스센터를 리모델링하는 것이었다.

기존의 도시 조직을 무시한 채 거대한 규모로 지어진 정부서비스센터는
쓰임과 역할이 분명하지 않아 점차 낙후되어 갔고, 어느새 건물 주변은
우범지대가 되어 더 이상 사람들이 찾지 않는 장소가 되었다. 나는 건물의
일부를 새로운 도시 공연 시설로 제안했다. 건물을 철거하고 다시 짓는 것이
아니라 기존 건물의 구조를 보여주기 위해 건물을 잘라냈다. 전기톱으로
콘크리트 벽과 바닥을 과감히 잘라내 틈을 만들고 빛과 바람이 흐를
수 있도록 했다. 작은 틈에 사람이 있게 한다면 공연을 보지 않더라도
시민들의 흥미를 끌 수 있으리라 생각했다. 그렇게 잘려 나간 기존 건물에
가볍고 새로운 재료와 형태를 덧붙이는 방식으로 기존 육중한 건물이 가진
문제점을 보완해 주었다.

　F1963에서는 기능적인 건물 만들기에 집중하지 않고 재료를 활용해 기존
공간과 새로운 공간을 결합시켰다. 우리는 공장 건물의 지붕 구조 중앙부를
잘라내어 중정을 만들고 빛과 바람이 통하는 숨쉬는 건축을 만들고자 했다.
또한 북측 입구에는 익스팬디드 메탈을 사용해 바람과 햇빛이 잘 스며드는
반 외부 공간을 만들었다. 기존 건물의 둔탁함과 대비되는 경쾌하고 독특한
재료를 도입함으로써 내부와 외부의 관계에 변화를 주었을 뿐만 아니라
새로운 진입 공간은 건물에 활기를 더했다. 칙칙하고 어두웠던 북측 입구
공간은 천장으로부터 빛을 받아들여 경쾌한 분위기로 방문객을 맞이하게
되었다.

　예올 북촌가는 과거와 현재를 통합하기 위해 기존 건물의 재료를 그대로
보여줬다. 우리는 기존에 있던 창문만 철거하고 타일 속 숨겨져 있던 벽돌을
드러내 독특한 방식으로 유리를 덧대었다. 마치 덜 완성된 듯한 벽돌벽은
건물의 역사를 그대로 전달한다. 온그라운드 갤러리도 기존 적산가옥
천장을 개방해 오래된 것을 극적으로 표현했다.

　재생건축은 단순히 향수를 불러 일으키거나 과거로의 회귀, 건물의
재활용만으로는 부족함이 있다. 새것과 오래된 것의 효과적 연결은 위의
예시 프로젝트와 같이 기존의 것을 존중하고 또 그 문제점을 이해하며
출발하되 과감히 잘라내고, 드러내고, 덧붙이는 방식으로 할 수 있다.
그렇게 함으로써 각각의 프로젝트는 장소성과 시간성을 간직한 창의적인

보스턴 열린극장 사이트.

예올 북촌가.

F1963.

것이 되고, 또 그만큼 흥미롭고 지속가능한 숨쉬는 재생건축이 될 수 있다.

한센 잘라내기, 드러내기, 덧붙이기를 통해 시간과 장소의 흐름을 흥미롭게 하면서 숨쉬는 건축을 만든다는 접근과 그 예시들은 무척 흥미롭다. 건축은 단순히 물질적인 것과 시각적인 요소 외에도 역사적인 역할 혹은 변형된 이후의 삶을 보여준다. 새로운 건물에 오래된 삶의 일부를 유지하는 것이 가능하다고 생각하는가?

조 가능하다고 생각한다. 나는 사람들이 재생건축에 대한 선입견을 가지고 있다고 느낄 때가 많다. 흔히 재생건축이라고 하면 낭만주의적 관점에서 과거의 모습을 재현하려고 한다. 재생건축이 성공하기 위해서는 낭만적인(nostalgic) 요소만 보여주어서는 안 되고, 각각의 상황을 반영한 고유의 방식으로 아주 흥미롭게 만들어야 한다. 그 과정에서 오래된 삶의 일부는 은유적으로, 때론 직설적으로 유지될 수 있을 것이다.

한센 영국 건축가 앨리슨과 피터 스미스슨(Alison and Peter Smithson)은 현장에서 발견된 것이 중요하다고 말했다. 당신은 대지에 이미 존재하고 있는 건물에서 영감을 얻고 그것을 프로젝트에 활용한다고 말했다. 초기 작품에서 기존 건물에 대한 관심이 있었던 이유는 무엇인가?

조 나도 스스로 과거의 것에 관심이 많았는지 몰랐다. 대학생 시절 교수님이 "너는 항상 주위 온 재료를 사용한다"고 이야기한 적이 있다. 그 당시 건축 모형을 만들면서 유리 구조물을 표현하기 위해 카세트 테이프의 플라스틱 껍질을 사용했다. 나는 거리에서 주운 재료를 사용하곤 했다. 당시 미술수업에서 조각을 만든 일이 있었는데, 그때 두툼한 산업용 목재를 발견하고는 납을 녹여 목재의 빈 공간을 채워 형태를 변형시켰다. 우연히 발견한 재료들을 사용하면서 정말 들떠 있던 기억이 난다.
　　내가 오래된 건물이나 재생된 재료처럼 기존에 있었던 것에 관심을 가진 이유는, 아마도 과거의 어떤 것이 지닌 힘에 관심이 있었기 때문일 테다.

기존에 있는 것을 잘라내고 땅을 파내는 방법으로 나는 더욱 강력하게
인식되고 경험할 수 있는 건축이 가능하다고 생각했던 것 같다. 처음 건축
프로젝트를 시작했을 때, 교수님들과 항상 논쟁을 했어야 했던 기억이
난다. 교수님은 멋진 새로운 건물을 만들길 바랐지만 난 단순히 시각적으로
멋있는 건물을 만들고 싶지 않았다. 나는 땅으로 파고 들어 가고 기존에
존재하고 있었던 것을 잘라내어 만들어지는 공간, 그 관계성을 드러내는
건축이 더 강력한 힘이 있다고 믿었다.

한센　세계적으로 재생 혹은 건물의 재사용에 대해 이야기할 때 가장
중요한 이슈는 자원 문제일 것이다. 큰 건물을 철거하고 다시 새로 짓는
것만을 할 수 없다. 말하자면 그건 자원을 낭비하는 것이기 때문이다.
그래서 우리는 자원을 더 지속적으로 사용할 방법을 찾아야 한다. 이에
대해 어떻게 생각하는가?

조　최근 자원은 많은 사람들이 이야기하는 주제다. 특히 한국 건축에서
지난 이십여 년간 꽤 중요한 화두가 되어 왔다. 하지만 이점에서 한국
건축은 완전히 실패했다고 할 수 있다. 완공한 지 얼마 지나지 않은
건물들조차 너무 쉽게 허문다. 재생의 의미와 가치에 대해 한국 사회는
아직 공감대를 가지고 있지 못한 것 같다.
　몬태나주립대학교 교수 시절 한 학생이 지속가능성, 재생, 자원 재활용에
대한 나의 생각을 물어보았다. 나는 어떤 의미에서 재생이라는 것을
믿지 않는다고 말했다. 재생을 하는 과정에서 오히려 더 큰 에너지를
소비하고 새것을 사용하는 것보다 큰 오염을 야기할 수도 있다. 미국에서는
새로 나무 한 그루를 자르는 것이 재생 목재를 해체하고 다시 사용하는
것보다 훨씬 더 쉽다고 말한다. 비용의 경제성만 고려하면 그럴지 몰라도
재생건축이 신축보다는 에너지와 자원을 절약하는 건 사실이다. 별도의
토목공사나 골조공사를 하지 않아도 되기 때문이다.
　또 다른 학생은 "지구 환경을 지키기 위해, 지속가능성을 위해 교수님의
노력은 무엇입니까?"라고 질문했다. 나는 한국 건축에서 그 해답을 찾을

조병수, 〈해골〉, 버려진 비닐봉투 위에 오일 파스텔, 2005.

수 있다고 말했다. 우리 조상이 만들었던 전통 건물을 보면 난방을 하는
공간을 최소화하기 위해 작은 내부 공간을 두었다. 거실과 방의 구별
없이 내부 공간을 조성하여 가능한 기능을 공유하고 작게 짓는 지혜를
발휘했으며 외부 공간을 잘 활용했다. 한국의 전통 건축과 현대 건축은
난방과 냉방에 필요한 에너지를 줄이기 위해 대부분 남쪽을 향해 있다.
건물의 방향은 햇빛을 받는 데 매우 중요한 역할을 한다. 요즘 친환경
건축 방법을 제시하는 건축 책이 많이 있다. 하지만 진정한 친환경인지는
의문이다. 식물이 자라도록 디자인했지만, 건축적으로 그 식물이 전혀
의미가 없는 경우가 있기 때문이다. 우리는 진정한 친환경적, 사회적
재생은 무엇인지 진지하게 생각하고 깊이 있게 이해하도록 노력해야 한다.

한센 한국 전통 건축에서 지속가능성을 찾아볼 수 있지만, 아직 한국에서
재생건축에 대한 공감대가 형성되지 않은 이유는 무엇일까?

조 사람들은 원래 그 자리에 있던 것을 쉽게 없애 버리곤 한다. 특히
한국에서는 새로운 것을 더 좋아한다. 유럽의 건물 수명은 백 년에서 이백
년 가까이 되고, 미국의 경우 좀 더 표준화되고 작은 집들은 백 년 정도
가지만, 한국에서는 일반적으로 이삼십 년밖에 가지 않는다. 하지만 나는

우리나라도 건물의 수명이 점점 늘어나리라 생각한다. 과거엔 물자가 부족하고, 기술이 부족해 건물의 수명이 짧았지만, 이제는 좋은 자재로 더 높고 튼튼한 건물을 지을 수 있는 경제력을 확보했기 때문이다. 그간 더 많이, 더 넓게, 더 높게 짓는 데 관심이 많았지만, 최근 들어 재생건축이 사회적으로 관심의 대상이 되어 공감대가 생겨나는 것 같다.

한센　유럽에서는 모더니즘 시기 이후에 맥주 제조 공장 같은 산업 건물을 대학교로 사용하면서 공간의 정체성도 함께 찾으려고 했다. 프로그램에 맞게 공간을 재설정할 때 정체성을 뚜렷하게 보존하는 것이 중요하다고 생각하는가?

조　나는 정체성이라는 것이 건축뿐만 아니라 사회나 문화에서 중요한 이슈라 생각한다. 미국 건축가 피터 아이젠만(Peter Eisenman)은 이렇게 말했다. "우리는 많은 나라를 여행하고, 같은 금융, 교육, 정치 경제 시스템 안에서 살아간다. 왜 정체성을 지켜야 하는가? 우리는 모두 같은 사람들이다." 이것은 유일사상적 발상이라고 생각한다. 정체성이란 자연 모두가 가지고 있는 고유한 요소라 믿으며, 오늘날 우리의 정체성, 지역성이나 고유의 특성을 건축이 표현할 수 있다. 건축 환경은 국가 혹은 도시, 문화, 역사, 언어 등 각기 다른 뉘앙스를 내포하고 있는 집합체이기 때문이다. 지역 정체성의 대다수는 그 지역 산의 모양, 일조량 등 자연 환경으로부터 영향을 받은 결과물이다. 이로 인해 각자 다른 종교, 예술, 문화를 발전시킨다고 생각한다. 나는 지역 프로젝트를 진행할 때, 지역뿐만 아니라 프로젝트가 진행되는 구역의 특성, 그 프로젝트의 역사에 기반한 정체성을 찾아내려고 노력한다. 중앙청 지하 박물관 프로젝트에서도 마찬가지였다. 중앙청이 어떤 의미를 지니고 있는지, 경복궁은 어떤 가치가 있는지 우리가 사는 시대에 걸맞은 질문을 던지고 우리 역사 속에 어떻게 통합할 것인지 고민했다.

한센　앞서 과거와 현재는 연속성을 지니기 때문에, 이분법으로 봐서 안

된다고 한 말에 동의한다. 그렇다면 시간의 연속성을 어떻게 디자인에
반영할 수 있을까?

조　건물 그 자체나 주변 콘텍스트에서 흥미로운 것을 발견할 수 있다. 물론
그것을 발견하는 데는 많은 시간이 걸린다. 우리가 할 수 있는 한 많은 것을
유지하여 지켜 나가고, 새로이 요구되는 프로그램은 새로운 방법으로 그
안에 만들어지고 보일 수 있도록 하면 된다. 다만 그 새로운 구조와 기계
시스템 등은 미래에 대비해 가능한 유연하게 적용해야 한다. 그리고 새로
잘라내고 덧붙여지는 것들은 그 둘의 관계적 강약 조절 혹은 밸런스 조정을
통해, 그 프로젝트들의 특정 상황과 조건에 맞게 전혀 새롭고 창의적인
디자인이 되어야 한다. 그래야 진정한 의미의 재생건축, 숨쉬는 건축으로
탄생할 수 있다.

이 인터뷰는 앞으로 출간될 조병수 작품집을 위해 2019년 1월 11일 비씨에이치오 파트너스
사무실에서 진행되었다. 형태(shape), 랜드스케이프(landscape), 불완전함(imperfection),
물질성(materiality), 변환(transformations)에 관해 이야기했고, 그 중 변환에 대한 내용을 일부
발췌한 것이다.

다음부터 소개되는 열세 가지 프로젝트들은 건축가 조병수와 비씨에이치오 파트너스에서
진행한 재생건축 작업들이다. 기존 건물의 최초 준공, 철거, 프로젝트 제안, 완료 등의
구분과 해당 연도를 다음과 같이 구별해 적었다. 불명확한 경우 생략했다.

C   최초 준공
D   완전 철거
P   제안 프로젝트
B   실행 완료 프로젝트

드러내기—남겨두기

루가노 도시발전사 기념관

옛 기억을 경험하는 도시

스위스 루가노. P. 1990.

스위스 남부 티치노 주에 위치한 루가노는 예로부터 골목길과 광장, 도시와 호수가 더불어 존재하던 중세도시다. 이곳의 도시 조직은 오랜 세월 루가노 호수와 유기적으로 관계하면서 형성되고 발전해 왔다. 호수를 따라 자연스럽게 연결되어 있던 아름다운 산책로는 19세기에 이르러 무분별한 도로망 건설로 인해 사라지고, 도시와 호수의 밀접한 관계는 훼손되고, 차들만 다니는 차가운 공간이 되었다.

시에서는 리포마 광장(Riforma Piazza)과 호수를 연결하고 도시의 발전을 보여줄 수 있는 기념관을 세우길 원했다. 다른 건축가는 리포마 광장에 활력을 불어넣고자 다양한 형태와 방식으로 새로운 상징물을 제안했다. 서양의 중세도시에서 광장이 갖는 기능적이고 상징적인 의미를 고려한다면 이는 당연한 시도일 것이다. 하지만 나는 그 무엇보다 오래된 것에 대한 가치를 먼저 재정립해야 한다고 생각했다.

기존에 도시가 가지고 있는 지하로나 요새 같은 흔적을 발굴하고 변형하는 작업을 거쳐, 루가노를 보이는 도시가 아닌 경험하는 도시로 만들고자 했다. 도시를 박제하지 않고, 유기적인 생명체로 숨쉬게 하는 것이 무엇보다 중요하다고 여겼다.

나는 먼저 땅을 파내어 기존 시청 건물이 가지고 있던 흔적을 찾아내고, 오래된 지하로와 분수, 요새를 재건하고 사람들이 직접 손으로 만지고 걸터앉을 수 있는 벽을 제안했다. 또한 도시의 기억을 간직하는 도시발전사 기념관의 분위기는 세련된 느낌보다 과거에 대한 경건한 마음이 필요하다 생각했다. 그러기 위해서는 건물을 새로 올리는 것이 아니라 땅 속으로 들어가 땅이 가진 지층의 역사와 함께 공간을 경험하는 것이 필요했다. 도시 발전에 관한 이미지나 설명을 보여주기보다는 예전에 있던 시청 벽체의 높이만큼 새로운 벽을 만들었다. 얼핏 시각적으로 광장과 호수를 차단한 것처럼 보이나 이는 사람들이 공간을 더욱 극적으로 체험하도록 의도한 치밀한 연출이다. 사람들은 벽체 사이를 오고 가며, 직접 벽면을 만져 보면서 도시의 흔적을 느낄 수 있게 되었다. 그리고 벽면 사이사이엔 작은 틈새를 만들어 의도된 도시의 풍광을 바라보게 했다.

　이 프로젝트로 기존 도시가 가지고 있는 요소에 약간의 변형만 가하여 신음하고 있는 중세도시를 치유하고자 했다. 건축가의 노력은 단순히 옛것을 향한 향수가 아니라 중세도시가 견뎌온 세월과 그 세월의 공간적 산물에 대한 존경을 담은 것이다. 또한 오래된 것은 오래된 대로, 새로운 것은 새로운 대로 남겨둠으로써 원형의 것과 새로운 것이 함께 살아 숨쉴 수 있는 개념적 틀을 마련했다.

　비록 하버드대학원 시절 스위스취리히연방공과대학(ETH, Zurich) 스튜디오에서 진행한 프로젝트라 실제로 실행되지 않았지만, 이후 비씨에이치오 파트너스의 여러 프로젝트에 깊은 영감이 되었다. 스위스취리히연방공과대학 마리오 캄피(Mario Campi) 교수가 오 년간 진행한 여러 개의 프로젝트 제안 중 선정한 다섯 작품에 들어 루가노 시에 전시되었고, 관련 내용들은 책으로 출간되었다.

예전에 있던 시청 벽체의 높이 만큼 새로운 벽을
만들었다. 사람들은 벽체 사이를 오고가며 직접 벽면을
만지고 도시의 흔적을 느낄 수 있다.

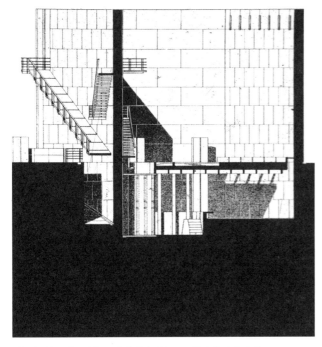

새로운 벽을 만들었을 뿐만 아니라 땅속으로 들어가 땅이 가진
지층의 역사를 경험하게 했다.

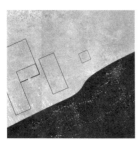   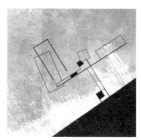

지하로와 분수, 요새를 재건하여 도시발전사 기념관과 자연스럽게 연결했다.

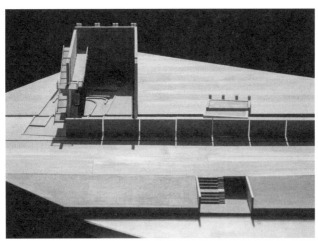

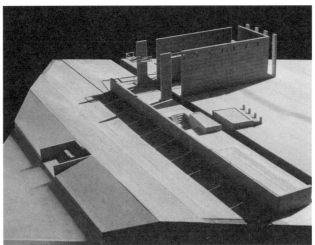

새로운 벽이 시각적으로 광장과 호수를 차단한 것처럼 보이지만,
사람들이 공간을 더욱 극적으로 체험할 수 있도록 의도한 것이다.

온그라운드 갤러리 프로젝트는 2013년, 2020년 두 차례에 걸쳐 재생건축 공사가 진행되어
건축 사진 촬영 연도를 명기했다.

온그라운드 갤러리

과거와 현재의 공존, 안과 밖의 소통

한국 서울. C. 1930, B. 2013/2020.

서울의 중심 서촌 골목에 자리잡은 온그라운드 갤러리는 몇 차례를 거쳐
현재 모습에 이르게 되었다. 시작은 대로의 뒷골목에 위치한 단층으로
된 작은 적산가옥이었다. 적산가옥은 일제강점기 일본인이 만든 집으로,
해방 이후 친일 청산의 대상이 되었다. 특히 2000년대 낡은 서촌에 개발
열기가 불면서 과거 일제의 잔재인 적산가옥을 철거하고 새로운 건물을
올리자는 주장이 많았다. 하지만 나의 생각은 달랐다. 적산가옥은 일본인이
사라진 이후 최소 칠십여 년 이상 한국인이 소유하거나 살았던 공간으로
우리가 지속적으로 품고 있어야 할 물리적, 정신적 가치라고 생각했다.
비록 구조나 축조방식은 일본 가옥의 형태이지만, 아름다운 지붕선과
온돌, 공간구성은 한옥의 모습과 크게 다르지 않다. 결국 한국인의 편안한
삶을 담고자 한 그릇이었고, 백여 년 동안 여러 사람들이 남기고 간 채취와
기억은 마치 시골에 있는 한옥에 대한 향수를 불러 일으켰다.

　여러 사람들의 손을 거치면서 덧대어진 벽과 기와를 뜯어내자 숨어 있던
원래 목구조가 드러났다. 기와를 받치고 있던 나무 널판 틈 사이로 새어
들어오는 빛은 날씨와 시간에 따라 다양한 형태로 변화했다. 직관적으로 그
빛이 온그라운드 갤러리의 좋은 매개체가 될 것이라 생각했다. 대들보와
기둥은 그대로 유지하고 지붕을 덮고 있던 나무 널판 위에 유리를 덮으니
낮에는 조명을 켜지 않아도 될 만큼 충분한 빛이 새어 들어왔다. "자연의

빛은 공간에 들어와 공간을 바꿀 때, 하루와 계절 속에서 미묘한 차이로 공간에 분위기를 만들어낸다"는 르 코르뷔지에의 말처럼 온그라운드 갤러리를 비추는 자연의 빛이 낡은 공간과 어우러져 소박하면서도 아름다운 분위기를 연출했다. 기존에 증개축한 부엌을 철거하고 나니 작은 마당이 생겼다. 복잡한 도시 속 차분하게 자리한 마당은 소소한 이야기를 품으며 새로운 소통의 공간으로 재탄생했다.

한 차례 완성된 온그라운드 갤러리는 사방이 건물에 둘러싸여 있어, 여전히 폐쇄적인 공간처럼 느껴졌다. 더 많은 사람들이 온그라운드 갤러리에 접근할 수 있도록 특단의 조치가 내려졌다. 적산가옥과 대로변 사이에 위치한 사 층 규모의 커먼빌딩을 활용하는 것이다. 당시 커먼빌딩 1층에는 가가린(Gagarin)이라는 작은 서점이 위치해 있었다. 가가린은 독립출판물이나 디자인 서적 등을 판매하며, 디자인, 예술계 사람들의 인기를 끌었다. 두 건물 사이를 막고 있던 벽을 일부 철거해 가가린을 방문한 사람들이 자연스럽게 갤러리에 접근할 수 있도록 디자인했다. 갤러리와 서점의 벽을 허물어 앞집과 뒷집의 소통, 사람과 사람이 소통하는 공간으로 만들고자 했다. 많은 사랑을 받았던 가가린이 지금은 없어졌지만, 입구에 가가린의 작은 흔적을 찾을 수 있다.

2020년 온그라운드 갤러리는 또 한번의 변화 과정을 거쳤다. 하얀벽을 허물어 기존의 구조체를 드러내고, 더 많은 사람이 찾아올 수 있도록 카페로 재탄생했다. 기존 형태를 유지하되 작은 변화를 통해 시대에 부합하는 공간으로 변신한 것이다. 개보수를 위해 확장했던 공간은 사라졌고 태초의 모습이 지금의 온그라운드 갤러리를 완성한 것일지도 모른다. 적산가옥은 비 오는 소리, 비 올 때 나는 흙 내음, 대나무 숲의 서늘함 같은 자연의 감성과 아름다움을 전해준다. 이는 건물과 함께 사라질 청산의 대상이 아니라, 우리가 기억하고 가져가야 할 전통의 일부가 아닐까. 서촌에 이런 역사가 살아 있다면 거리와 골목 곳곳에 소소하고 따뜻한 이야기들이 가득해질 것 같다.

공간과 공간을 가로 막고 있던 벽의 일부를 철거하여 맞바람이 불도록 디자인했다. 온그라운드 갤러리는 주거에서 갤러리, 카페로 시대에 따라 변화의 과정을 겪고 있다. 2020년.

온그라운드 갤러리의 접근성을 높이기 위해 적산가옥과 대로변 사이에 위치한 사 층 규모의 커먼빌딩을 활용했다. 2018년.

갤러리에서 카페로 목적을 변경하면서 1층을 다시 디자인했다. 따뜻한 느낌이 나는 목재와 조명을 사용하여 서촌 골목을 지나는 사람들이 자연스럽게 방문할 수 있다. 2020년.

예전 가가린의 흔적이 남아 있는 모습. 2016년.

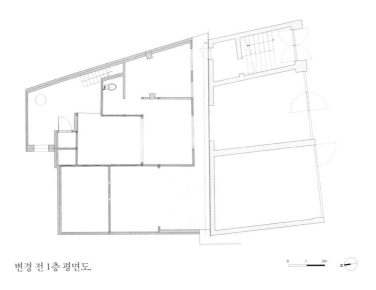

변경 전 1층 평면도.

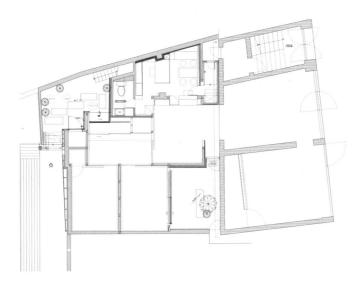

변경 후 1층 평면도.

← 커먼빌딩과 적산가옥 사이를 막고 있던 벽을 허물어, 앞집과 뒷집의 소통, 사람과 사람이 소통하는 공간을 만들었다. 2016년.

시공 전 전시실 1과 뒤쪽 출입문의 모습. 2013년.

온그라운드 갤러리에는 과거와 현재가 공존한다. 2020년. →

기존의 기와를 드러내자 기와를 받치고 있던 나무 널판 사이로 빛이 새어 들어왔다. 2016년.

대들보와 기둥은 그대로 유지하고 지붕을 덮고 있던 나무 널판 위에 유리를 덮으니 낮에는 조명을 켜지 않아도 될 만큼
충분한 빛이 들어왔다. 2013년.

시공전 전시실 3의 모습. 2013년.

갤러리의 벽으로 활용하던 하얀 벽을 허물자, 기존 적산가옥의 구조가 훤히 드러났다. 2020년. →

사람들은 자연과 가까이하고 싶어한다. 중정과 갤러리를 막고 있던 벽을 허물어 온그라운드 카페를 찾은 사람들이
어디서든 자연을 느낄 수 있도록 디자인했다. 2020년.

외부와 가까운 벽에는 접이식 창문을 만들었다. 이 창문은 여름에는 활짝 열어 내외부의
경계를 허물고 겨울에는 아름다운 서촌 거리를 담는 프레임 역할을 한다. 2020년. →

지붕에 덮여 있던 마당을 복원해, 도심 속 작은 쉼터를 마련했다. 2016년.

기와를 걷어내고, 나무 널판 위에 유리를 덮어 원래 지붕의 형태를 유지했다. 2016년.

주변 건축물과 조화를 이루는 온그라운드 갤러리. 2016년.

임랑문화공원
할아버지 나무와 허름한 농가 지키기

한국 부산. B. 2018.

박태준 전 포스코 명예회장은 일명 '철강왕'으로 불리며 1900년대 후반
한국 철강산업에 크게 이바지한 인물이다. 그는 '양질의 철을 생산해
국보를 증대시키자'는 제철보국 신념을 내세워 포스코를 설립했다.
철강산업에 많은 업적을 남긴 그는 2011년 작고했고, 그 이후 기장군은
그의 생가가 있는 장안읍 임랑리 임랑마을 일대 5,214평방미터에
임랑문화공원(박태준기념관)을 조성하기로 결정했다. 이를 위해 2014년
설계 공모가 열렸고, 우리의 설계안이 당선되었다. 우리는 임랑문화공원을
조성하면서 새로운 무언가를 만들어내기보다 그 장소의 단편적인 모습을
꺼내 보여줌으로써 영혼이 살아 숨쉬는 곳으로 재현하는 데 초점을
맞추었다.

　임랑마을은 박태준의 인척 이십여 가구가 살고 있는 박씨 집성촌으로
아직까지 박태준 전 명예회장이 생전에 거주한 집이 남아 있다. 기장군은
유족으로부터 기증받은 대지와 더불어 생가 앞 폐가로 남아 있던 주택과
마을의 중심이 되는 소나무가 위치한 대지를 매입했다. 그 주택들은
바닷바람에 재사용이 불가할 정도로 낙후되어 있었지만, 바닷가 주택의
구조와 형식을 가지고 있었다. 주택을 최대한 보존했을 때, 바닷가 마을이
가진 장소의 단편적인 모습을 보여줄 수 있다고 생각했다.

　임랑문화공원은 크게 세 개의 건물로 구성된다. 하나는 지역주민이

이용하는 도서관과 교육실로, 기존에 있던 주택을 활용했다. 또 단층 주택을
이 층 건물로 증축해 1층에는 수장고가 위치하고, 2층은 세미나실을 두었다.
박태준의 일대를 담는 전시 공간은 알루미늄 패널을 활용해 새로이 조성했다.
전시 공간 사이 마당에는 이번 프로젝트의 핵심이 된 세 그루의 소나무가
있다. 공원을 조성하기 전 대지 내에 위치한 이 나무를 다른 장소로 옮기려고
했지만, 자칫 이전하는 과정에서 나무가 손상될 것을 우려해 나무를 중심으로
전시관을 배치했다. 나무의 역사가 오래된 것은 아니었으나, 마을 사람들의
쉼터이면서 오랫동안 마을을 지켜주는 수호신 같은 존재였다. 공원이 조성된
뒤에도 마을의 중심으로 자랄 수 있도록 디자인한다면, 마을의 안위를 지켜줄
것 같았다. 하지만 나무의 위치가 토목 측량도면과 실제 현장이 달라 어려운
상황에 봉착하게 되었다. 도면대로 알루미늄 패널을 시공하게 되면 나무가
손상될 수 있었다. 급히 조경 전문가와 상의해 재실측하고 나무의 성장 형태를
고려해 알루미늄 패널의 높이와 형태를 조절했다. 다시 형태를 잡아야 하는
불편함이 있었지만, 마을 사람들의 기억과 추억이 담긴 나무를 곡선 모양의
창이나 틈을 통해 공원 어디서든 바라볼 수 있게 되었다.

　　당초 기장군은 원래 있었던 것을 없애고 새로운 기념관을 짓고자 했지만
우리의 의도에 동참했다. 약간의 변형과 최소한의 건축(전시 공간, 동선)으로
완성함으로써 '존재했던 것, 존재하는 것'의 값어치를 살려낸 것이다.
드러내기, 잘라내기, 틈새만들기 등을 적용한 임랑문화공원은 마을 사람들이
걷고, 중정에 앉아 쉬며 명상을 할 수 있게 한다.

　　잘사는 나라를 만들고자 했던 어려웠던 시대의 인물을 기리는 일 외에
현재를 살아가고 있는 마을 주민과 공감하고 공존할 수 있는 계기를 만들고
싶었다. 임랑문화공원을 중심으로 사회 문화 연대가 더욱 튼튼히 연결되길
기대한다.

알루미늄 패널을 활용해 공원의 형태를 정의했다.

기존의 주택과 나무 등을 활용해 바닷가 마을과 조화를 이룬다.

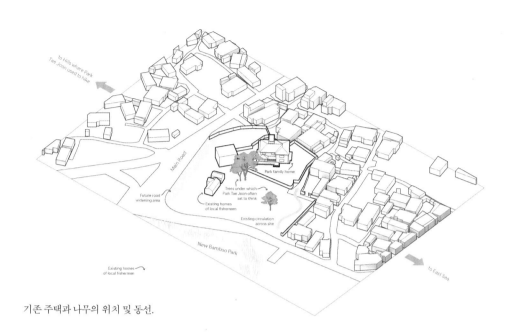

기존 주택과 나무의 위치 및 동선.

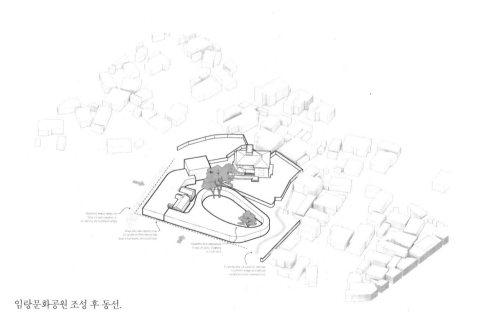

임랑문화공원 조성 후 동선.

알루미늄 패널을 불규칙한 간격으로 세워, 때로는 단단하게 때로는 느슨하게 경계를 나타냈다.

사람들의 쉼터이자 수호신 같은 나무는 여전히 마을의 중심이 되어 이곳의 안위를 지켜준다.

시공 전 바닷가 주택.

시공 전 바닷가 주택 옆의 나무.

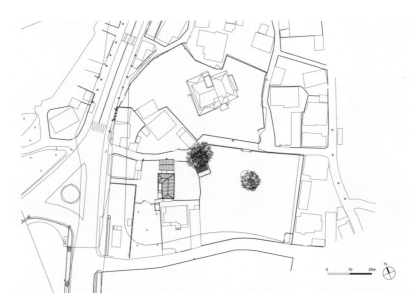

변경 전 배치도.

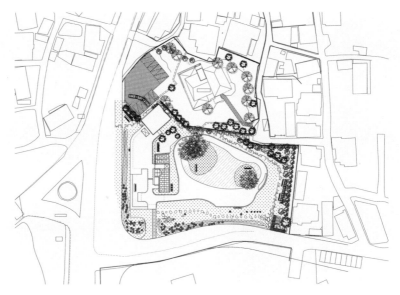

변경 후 배치도.

기존에 있던 주택의 기둥과 지붕을 살려 세미나실을 만들었다.

← 길고 좁은 복도에 천창을 두어 개방감을 높였다.

애초엔 공사 과정에서 나무를 옮겨야 했지만, 벽의 높이와 위치를 조정해 나무의 훼손을 막았다.

전시 공간의 작은 틈이나 창문을 통해 어디서든 나무를 바라볼 수 있다. →

예올 북촌가

흔한 상가 건물의 무심한 멋

한국 서울. C. 1967, B. 2016.

길거리에서 흔하게 볼 수 있는 오래된 상가 건물로부터 예올 북촌가
프로젝트가 시작되었다. 전통 한옥도 아니고 역사가 있는 건물도
아니었기에 철거하고 새 건물을 짓는 게 낫다고 판단하기 쉽다. 하지만 이
건물은 1960-1980년대 외벽에 주로 사용했던 타일로 장식되어 과거의
풍경을 온전히 간직하고 있었다. 내부 프로그램에 따라 간판이 덧붙여지고,
페인트를 새로 칠하는 등 다양한 변화가 있었지만, 탄탄한 벽돌 구조가
온전히 존재했다. 평범해 보이는 옛 건물은 마치 한국의 막사발을 연상케
하는 멋이 있었다. 중국의 청화백자처럼 화려하지는 않지만, 한국의
자연스러움이 묻어났으며, 무심함 속 세련미가 느껴졌다. 잊혀진 과거의
미를 발견하고 새로운 시대적 미를 연결한다면, 기존 건물이 지닌 기억과
가치를 되살릴 수 있으리라 생각했다. 다행히 이 건물을 사용하게 될
'예올'은 전통문화를 보호하고 지원하는 단체였고, 평범하고 일상적인
건물의 보존이라는 의미 부여가 가능했다.
　　상가 건물은 병원, 카페, 작은 주거 공간이 있는 사 층 규모의
건물이었다. 이곳을 전시 및 문화 공간으로 만들기 위해 여러 가지를
고민했다. 장인문화 정신을 추구하는 예올의 공간이 되기 위해서 기존의
건물을 단순히 재활용하는 것은 의미가 없다고 생각했다. 이전 사용자에
의해 변경된 형태를 걷어내고 본래 건물이 가지고 있던 벽돌구조를

찾아내는 것이 중요했다. 건물에 덕지덕지 붙어 있던 상가 간판을 모두
철거하고 뼈대와 외피는 최대한 보존했다. 다만 구조와 설비가 취약해
많은 보강작업이 필요했다. 평면인 회화 작품과는 달리 율동적인 공예
작품을 전시하기에는 한 층의 면적이 삼십 평밖에 되지 않아 협소한
상태였다. 좁은 공간에 공간감과 입체감을 높이기 위해 1층과 2층으로
명확하게 구별됐던 천장을 철거했다. 낮은 천장으로 답답했던 1층은
앙상한 콘크리트 구조만 남아 높은 공간감을 느낄 수 있게 되었다. 천장을
걷어내고 나니 2층 면적이 더욱 좁아져 충분한 전시 공간을 확보하기
어려웠다. 거친 콘크리트 구조 위에 밝은 목재 합판을 활용해 두 개의 전시
공간을 얹었다. 따뜻한 분위기를 연출하는 목재 박스는 1층과는 전혀 다른
분위기가 느껴진다.

　여기에 기존의 폐쇄적인 상가 건물이 아닌 건물 앞을 지나다니는
사람들과 소통할 수 있는 공간으로 만들기 위해 1층에 넓은 슬라이딩
도어를 설치했다. 매끄럽게 다듬은 흰 벽과 테라조 타일은 '옛것을
올바르게 지키자'는 예올의 이미지를 한층 더 고조했다.

　사람들은 보통 전통 한옥이나 역사적 의미가 있는 건물만 보전할
가치가 있다고 생각하기 쉽다. 하지만 과거의 생활을 고스란히 간직하고
있다면 작은 건물이라도 보존할 가치는 충분하다. 그 안에 있는 삶의
단면을 드러내면서도 지금의 생활에 맞게 변형시키는 것이 자연스러운
공존이라고 생각한다. 예올은 기존에 가지고 있던 단체의 이미지와 1960-
1980년대 모더니즘 건축이 만나 옛것을 소중히 여기는 브랜드의 이미지를
더욱 견고하게 만들 수 있을 것이다.

길거리에서 흔하게 볼 수 있는 오래된 상가 건물에서부터 예올 북촌가 프로젝트가 시작되었다.

기존 건물은 간판과 새로운 재료들이 덕지덕지
붙어 있었다.

구조만 남긴 채 1층과 2층 사이를 가로 막고 있던 천장을 철거해 공간감을 높였다.

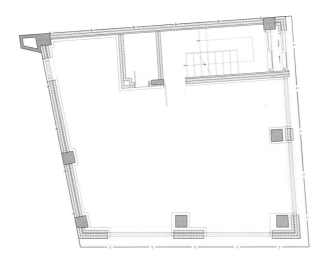

변경 전 2층 평면도.

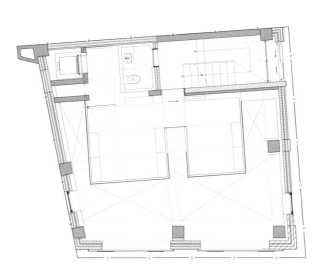

변경 후 2층 평면도.

콘크리트 구조 위에 밝은 목재 박스를 얹어 2층의 부족한 전시 공간을 확보했다.

기존의 내부 계단을 그대로 사용하고, 맞은편에 엘리베이터를 설치했다.

기존 건물이 가지고 있는 벽돌 구조를 드러내 거친 면을 살리고, 창문 프레임을 제거해, 공간의 개방감을 높였다.

3층은 예올의 자료를 열람하는 북카페로 활용되고 있다.

← 벽돌 구조에서 세월의 흔적이 전해진다.

대단한 역사적 의미를 지니고 있지 않더라도, 과거의 생활을 고스란히 간직한 건물은 보존할 가치가 충분하다.

평범해 보이는 옛 건물은 마치 한국의 막사발을 연상케 하는
멋이 있다.

잘라내기—파내기—틈새 만들기

몬트리올 해양박물관
육중한 산업시설에 부여된 역동성

캐나다 몬트리올. C.1800년대, P. 1989.

몬트리올의 세인트 로렌스 강가는 모피 교역의 중심지이자 목재, 밀, 밀가루 등을 대량으로 수출하는 캐나다 최대의 무역항이었다. 1950년 전후에 고속도로가 생기면서 도시는 새로운 변화를 맞이한다. 배를 이용해 무역이나 제조업이 발달한 시대에서 고속도로를 활용한 공업이 발달하게 되었다. 무역상과 이곳저곳으로 판매될 물건들로 발 디딜 틈도 없던 부두와 선착장은 활기를 잃은 지 오래였다. 안타깝게도 부두와 선착장은 시대의 흐름에 맞춰 재활용되지 못한 채, 장소적, 기능적 가치가 모호한 시설로 남겨지거나 철거되었다.

시대의 변화에 따라 어김없이 버려진 몬트리올 항구시설에 새로운 활기가 필요했다. 나는 많은 사람을 이곳으로 불러들이기 위해 항구시설의 가치를 부여하는 것에서부터 시작했다. 부두와 선착장은 배를 묶어 놓는 말뚝(볼라드)이 여기저기 있었고, 오랜 세월의 흔적을 고스란히 간직한 거친 콘크리트 매스는 변하지 않는 산업시설의 묵직함을 가지고 있었다.

항해시대의 부둣가가 가진 역동성을 부활시키기 위해 기존 콘크리트 부두의 기본 골격을 활용했다. 폭 오십 미터, 높이 십 미터, 길이 이백오십 미터의 거대한 콘크리트 중앙 부분을 잘라내 해양박물관의 전시 공간으로 활용하도록 계획했다. 관람객은 묵직했던 항구를 다차원으로 인식하게 되면서 공간의 역동성을 느끼게 될 것이다. 또한 겉으로 보이던 반듯한 콘크리트의 질감이 아닌 거친 재료의 이면을 드러냈다. 잘린 콘크리트 중간 중간 바다로 향하는 작은 틈새를 만들어 새로운 시야를 확보해 관람객들이 거대한 강과 하늘, 새로운 지평선을 경험할 수 있도록 디자인했다.

몬트리올 해양박물관은 세인트 로렌스 부둣가의 새로운 가능성을 발굴하고자 한 제안이다. 창고라는 기능적 측면이 아닌 콘크리트 부두가 가진 자체의 아름다움에 가치를 부여하고 초점을 맞추고자 했다. 강직한 산업시설은 지난날에 대한 회상뿐만 아니라, 일상생활에서 인식하지 못했던 아름다움을 보여줄 것이다. 찬란했던 항해시대를 회상하는 이들에게는 그리움과 함께 슬픔을, 항해시대를 모르는 세대에게는 새로운 공간의 역동성을 느끼게 할 것이다.

아쉽게도 이 프로젝트는 대학원 시절 진행했던 작업으로 제안에 그쳤다. 하지만 건축물의 단면을 잘라 새로운 공간감과 시선을 제공하는 프로젝트였다. 설계사무소를 이끌어가면서 재생건축에 많은 영향을 준 중요한 초기 작업이었다.

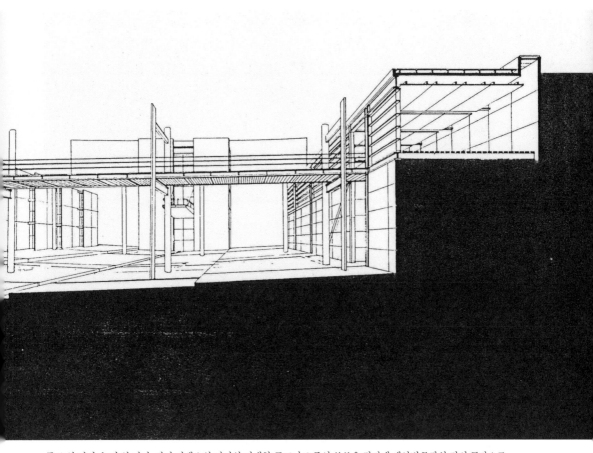

폭 오십 미터, 높이 십 미터, 길이 이백오십 미터의 거대한 콘크리트 중앙 부분을 잘라내 해양박물관의 전시 공간으로
활동하도록 계획했다.

몬트리올 항구의 과거 모습. 1900년대.

← 몬트리올 지도. 붉은 색 부분이 해양박물관으로 제안한 위치이다.

항해시대의 부둣가가 가진 역동성을 부활시키기 위해 기존 콘크리트 부두의 기본 골격을 활용했다.

몬트리올 해양박물관은 건축물의 단면을 잘라 새로운 공간감과 시선을 느낄 수 있다. 다른 프로젝트에도 많은 영향을 준 초기의 중요한 작업이다.

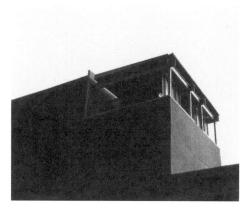

잘라낸 부두에 해양박물관에 필요한 시설을 추가로
배치했다.

항구시설을 없애고, 새로운 건물을 짓는 것이 아니라, 기존 시설들을 다차원으로 활용해 시대 흐름에 맞게
변형했다.

몬트리올 해양박물관은 찬란했던 항해시대를 회상하게 할 뿐만 아니라, 일상생활에서
인식하지 못했던 바다의 아름다움을 만날 수 있다.

보스턴 열린극장: 완벽한 혼돈

골목과 광장의 흔적으로 회생시킨 거대 구조물

미국 보스턴. C. 1971, P. 1991.

보스턴은 미국 내 가장 오래된 역사를 가진 도시 중 하나로, 몇 차례
재개발이 추진되어 도시계획의 성공과 실패를 모두 보여주는 지역이다.
1960년대 추진된 웨스트엔드(West End) 프로젝트는 도심에서 교외로
이주해 간 중산층 인구를 재유입시키기 위해 실행되었다. 보스턴은 기존
주거지역의 물리적 사회적 환경 개선을 위해 대대적인 빈민촌 제거 작업에
나섰다. 기존 도시의 물리적 원형을 모조리 지워 버린 재개발 프로젝트는
가장 전통있는 도시의 가치를 말살한 사건이었다. 혼돈은 마치 새로운
질서와 기능을 부여하기라도 하듯 보스턴 도심에는 곧이어 폴 루돌프의
설계로 보스턴 정부서비스센터의 거처가 마련됐다. 도시의 심장 역할을 할
것으로 기대했던 거대한 구조물은 주변 여건과 유기적인 조화를 이루지
못한 채 점차 슬럼화 되어 갔다. 청사가 생긴 지 불과 이십 년만에 일어난
일이다.

　결국 웨스트엔드 프로젝트는 도심에 활력을 불어넣지 못하고 실패했다.
시민들을 위한 안전과 질서를 강조했으나 그들의 삶의 터전과 도시에
대한 기억이 희생된 역설적인 결과였다. 이처럼 지극히 획일적이며
편협한 재개발로 인한 보스턴의 환부를 재생시키기 위해서는 무엇보다
도시조직을 대하는 태도의 전환이 시급했다. 나는 사람들의 경험과 인식
그리고 기억으로 축적된 옛 동네, 광장 골목길에 주목했다.

오랜 시간 경직되고 침체되었던 보스턴의 도심을 치유하기 위해 사라졌던 옛길과 광장을 되살리는 작업을 제안했다. 재개발 당시 지어진 보스턴 정부서비스센터를 주변 건물과 어울리는 스케일로 만들기 위해 원래 도시에 있던 길들을 찾아내 거대한 규모의 건물을 여러 조각으로 잘라냈다. 부분적으로 잘라내고 비워내 수년간 막혀 있던 길과 도시의 흐름을 회복하는 데 집중했다. 실제로 규모가 큰 건물의 단면을 매끈하게 잘라내는 것은 불가능하지만, 사람들에게 건물의 단면을 보여주는 것은 시각과 감각을 깨우는 색다른 경험일 것이라 생각했다. 잘린 단면의 일부는 투명 유리로 처리해 생생한 모습을 보여주고 일부는 철골 구조로 다시 채워 전혀 다른 건물로 보이도록 제안했다. 구조와 형태만 있을 뿐 속이 텅 비어 있는 것이 마치 해골과 같았다. 실현가능한 제안은 아니었지만, 보스턴의 과거와 지나온 기억의 단면을 그대로 수용하고자 하는 건축학적 발언이었다.

비워진 자리에는 노천극장과 그에 따른 제반 시설을 제안했다. 이 극장은 연극 「완벽한 혼돈(Perfect Chaos)」을 위한 공간으로 계획했다. 「완벽한 혼돈」은 1980년대 말부터 1990년대 초까지 유럽 각지를 순회하며 인기리에 진행된 길거리 연극으로, 건설현장을 검정 세단을 타고 방문한 권위주의적 건축주를 놀리기 위해 일꾼들은 망치를 떨어뜨리고 사다리를 넘어뜨리는 등 다이내믹한 혼돈의 현장과 깨끗한 양복의 신사 모습을 대비시킨다. 미국 사회의 경직된 표정보다는 혼돈 속 질서를 통해 인간성을 회복하자는 연극의 내용처럼 이 건물 또한 경화된 보스턴의 도심을 풀어 줄 수 있는 씨앗으로 던져졌다. 이 프로젝트 또한 잘라내고, 드러내고, 땅 속으로 파고들며, 외부의 계단과 계단식 연극공간을 통해 도심 속 지하공간과 지평선을 경험하게 했다.

도시의 혼돈과 질서, 오래된 것과 새로운 것 간의 조화와 공존은 진정한 도시재생의 핵심 요소다. 이런 의미에서 1960년대 재개발 프로젝트의 치명적 오류는 도시의 양면을 수용하지 못한 채 남겨졌다. 이 프로젝트는 지나온 시간과 사건을 포장하기보다는 고스란히 날 것 그대로를 보여주고자 했다. 과거와 혼돈을 수용하되 공간의 복제를 기피하려는 노력이었다. 나의 바람은 훗날 건물과 대지, 구조체들을 재활용하는 것이었다.

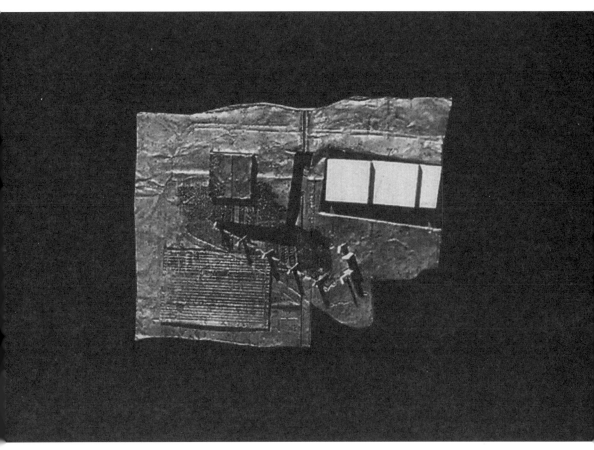

배치 개념을 보여주는 모형. 기존의 땅을 파내고, 기존의 건물을 잘라내고, 새로운 건물이 새로운 재료로
더해지면서, 옛것과 새것의 대비, 그 사이에서 체험될 틈새 공간이 탄생한다.

폴 루돌프가 설계한 보스턴 정부서비스센터. 그의 설계의도와 달리 도시의
광장과 보행자를 위한 역할을 못하며 흉물로 남겨져 있다. 1973년경.

배치도.

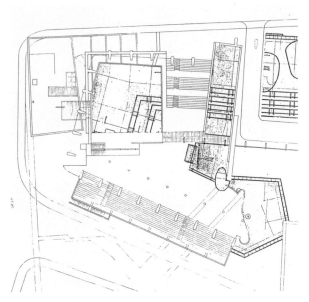

위 배치도 사각형 표시 부분의 세부 평면도.

콘크리트 건물을 매끈하게 잘라내는 것은 불가능하지만, 사람들에게 건물의 단면을 보여주는 것은 시각과 감각을 깨우는
색다른 경험이리라 생각했다.

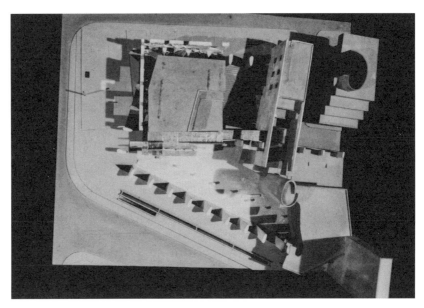

땅을 파 내려가고, 기존 건물을 잘라내어, 새로운 벽체와 계단 등을 설치했다. 도시 속의 틈새를 만들어 다시 숨쉴 수 있는 건축이 되었다.

중앙청 지하 박물관

아픈 역사를 새기는 방법

한국 서울. C. 1926, D. 1995, P. 1995/2017.

"우리 민족의 언어와 역사를 말살하고 겨레의 생존까지 박탈했던
식민정책의 본산 조선총독부 건물을 철거하여 암울했던 과거를 청산하고
민족의 정기를 바로 세워 통일과 밝은 미래를 지향하는 정궁 복원작업과 새
문화거리 건설을 오늘부터 시작함을 엄숙히 고합니다."
—고유문, 1995년 8월 15일

광화문의 뒤쪽, 경복궁 안에 조선총독부(중앙청) 건물이 있었다.
지금은 그 흔적조차 찾아볼 수 없지만, 일제강점기인 1926년에 세워진
조선총독부는 우리 민족에 대한 수탈의 상징물이었다. 해방 후 중앙청과
국립중앙박물관으로 사용되다가, 1995년 김영삼 정부 때 철거에 들어가
1996년 완전히 철거되었다. 조선총독부가 사라지자 자연스럽게 광화문도
본래의 모습을 찾게 되었다. 광화문의 위치와 형태는 조선시대의
모습이었지만, 현재의 재료로 만들어진 새문이고 새로운 역사였다.
　　조선총독부를 철거하고 광화문을 옛 모습에 따라 고친 것 자체는 누구도
잘못된 일이라 하지 못할 것이다. 정당한 명분이 있으며, 일제의 강제적
침탈과 왜곡의 흔적을 바로 잡고자 하는 최선의 선택이자 노력이었다.
그러나 상처의 역사를 무조건 없애기 보다는 분명한 기록으로 남겨야
한다는 점을 간과해서는 안 된다. 일제의 침략과 흔적 또한 우리의 새로운

역사를 쓰기 위해서는 아픔으로서 반드시 포함되어야 한다. 시간은
앞으로만 흐르고 수정할 수 없으며, 한번 철거한 건물은 다시 되돌릴 수
없으므로, 조선총독부와 담장 등 역사의 흔적들을 그 자리에 기록으로
남겨야 한다고 생각했다.

조선총독부 건물 자체를 그대로 존치하기에는 민족의 상징성을
단절하는 시각적 이미지가 너무 강했다. 또한 단순히 건물 안에 전시
콘텐츠 등을 담아 박물관으로 사용하는 것은 지속가능한 비전을 갖기에는
부족했다. 단순한 복원이나 존치보다는 역사 하나하나를 구체적으로
보여주고 현장에서 체험하고 인지하는 것이 중요하다고 생각했다. 완전
철거가 아닌 그 흔적을 남겨 역사교육의 현장으로 다음 세대에게 전달하는
일이 필요할 것 같았다.

조선총독부의 지하 공간을 보존하고, 지상 백이십 센티미터만 남기고
건물을 잘라내어 그 위에 강화 유리를 덮고 방문객과 시민들이 그 위를
걸어 다닐 수 있도록 제안했다. 건물을 잘라내 단면을 보여주는 것은
겉에서 보이는 단순한 형상보다는 건물이 가지는 내재적 의미와 본질이
무엇인지 살펴볼 수 있게 도와줄 것이다. 여기에 조선총독부의 중심부에
위치한 기존 중정을 육 미터 아래로 파내고 두 개의 빈 공간을 만들어
역사의 지층을 경험할 수 있게 했다. 광화문 일대의 땅은 삼 미터 정도
조선시대 층이, 그 하부로 고려시대 지반이 형성되어 있는 걸 볼 수 있다.

역사의 흔적을 보여주는 방식은 거대하거나 화려할 필요가 없다. 다만
우리의 후손이나 외국인이 방문했을 때, 일제의 문화 훼손을 인식하고 이를
바로잡고자 했던 우리의 노력을 인지할 수 있을 정도면 충분하다. 역사를
완벽히 복원된 형태로 보여주는 것뿐만 아니라, 지나온 흔적의 단면을
보여주는 일 또한 중요하다. 그리고 그 속에 담긴 보이지 않은 것들을
보려고 노력해야 한다. 이 작업 역시 땅의 역사와 그 위에 세워진 건물의
역사를 체험하게 함으로써 살아 숨쉬는 도시로 재생하고자 했다.

조선총독부의 일부를 보존해 건물이 지닌 내재적 의미와 본질을 전달하고자 했다.

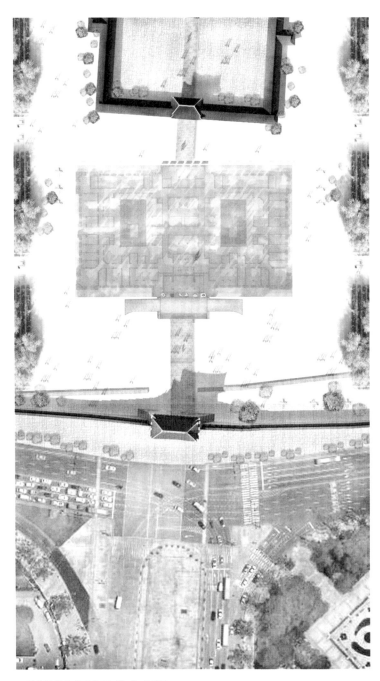

조선총독부의 흔적을 남겨놓은 배치도.

잘라낸 건물 구조물 위에 유리 구조물을 얹어, 올라가 걸으며 역사 현장을 체험할 수 있도록 했다.

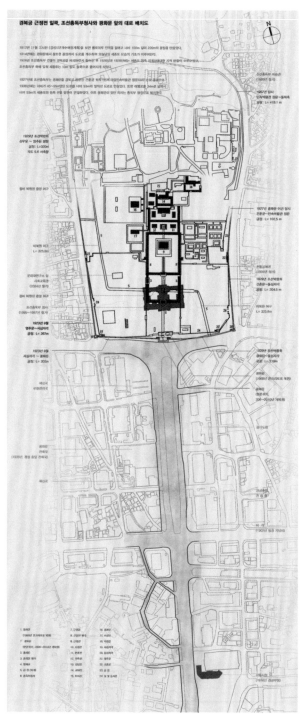

경복궁 근정전 일곽, 조선총독부 청사와 광화문 앞의 대로 배치도.

조선총독부 철거 전의 모습.

철거 중인 조선총독부.

기존 중정을 육 미터 아래로 파내고 두 개의 빈 공간을 만들어 땅의 역사를 경험할 수 있게 했다.

삼 미터 정도 조선시대 층이 있고, 그 하부로 고려시대 지반이 형성되어 있는 것을 발견할 수 있다.

역사의 흔적을 거대하거나 화려하게 보여주는 것이 아니라, 일제의 문화훼손을 인식하고 이를 바로잡고자 했던
우리의 노력을 인지할 수 있을 정도면 충분하다.

성북동 스튜디오 주택

옛 건물 자재의 완벽한 재활용

한국 서울. C. 1945, B. 1997, D. 2002.

옛 서울의 성곽이 지나가는 낮은 산동네, 그 옆길로 나 있는 조용한 주택가 사이로 오십 년이 훌쩍 지난 일본식 가옥이 솟아 있다. 일제강점기 지어진 이 주택은 시간이 흐르고 흘러 점차 본연의 모습을 감춘 채 다른 공간으로 남겨져 있었다.

　1995년 조선총독부 철거를 기점으로 친일 잔재 청산이라는 움직임이 일어 성북동 일대 일본식 가옥들이 점차 자취를 감춰 갔다. 성북동 스튜디오 또한 그러한 현상에 편입될 뻔했다. 오십 년간 동네 골목에 자리를 지키며 아궁이와 연탄창고에서 차가운 몸을 녹이며 정답게 이야기를 나누던 곳. 소박하지만 소중한 사람들의 온기와 채취가 묻어나는 이러한 공간을 꼭 없애야만 할까? 보존하여 일부를 이웃과 공유한다면 문화적 가치가 있는 공간으로 새롭게 탄생할 수 있을 것 같았다.

　성북동 스튜디오 주택은 누군가의 삶의 혼이 담긴 아름다운 공간이었다. 건축사무소로 개조하면서 단순히 가옥의 모습을 그대로 복원하는 것이 아니라 기존의 공간을 분리하고 재료를 드러낸 다음 공간의 틈새를 만들었다. 먼저 외관 마감들을 뜯어내고 불필요한 구조물을 잘라내 거친 단면을 보이게 함으로써 여러 번의 증, 개축으로 생긴 시간의 자국을 드러냈다. 시간의 자국들과 거친 속모양의 자연스러운 모습은 즐거움을 주었다. 건물이 지나온 시간의 흐름과 현재의 시간이 만나 성북동 스튜디오의 가치를 더욱 발전시킬 것 같았다.

기존의 흔적을 최대한 유지하기 위해 원래 있던 벽체와 기둥은 페인트 칠도 하지 않은 채 있는 그대로 마무리했고 구조상 필요한 부분만 새로운 벽체와 보로 보강했다. 연탄 아궁이가 놓였던 곳은 사무실로 새롭게 바꾸었고, 연탄창고는 방문객이 드나드는 리셉션 공간이 되었다. 두 공간 사이에 안도 밖도 아닌 모호한 공간의 틈새를 만들었다. 여기서 햇빛을 쬐고, 바람을 느낄 수 있으며, 빗소리를 듣거나 별을 보며 계절이 바뀌고 다시 돌아오는 자연의 속도를 경험할 수 있었다. 사무실의 가구는 되도록 집 보수 후 남겨진 목재를 사용해 제작했고, 외부의 벽과 대문은 부식 방지 칠을 하지 않아 빨갛게 녹슬어 가는 철판으로 설치했다. 이는 멈춰진 과거 위에 새로움이라는 자국을 덧대면서 시간의 공존을 드러냈다.

켜켜이 쌓여서 덮인 공간에는 본래의 모습이 존재한다. 사람들은 발전이라는 명목 하에 빈 곳에 새로운 것을 채워 넣으려 한다. 그렇게 자연을 파괴해 나간다. 되도록이면 아무것도 하지 않는 게 좋으나, 어쩔 수 없다면 지어진 공간을 잘 활용해 자연을 괴롭히는 일을 줄여 나가야 하지 않을까? 성북동 스튜디오는 이미 가공된 자연의 일부가 되었고, 그것을 파괴시키지 않고 본래의 모습과 새로운 모습을 조합하고자 했다. 햇빛이 잘 스며들고 마을 어귀의 소리도 들려오는 누구나 찾아오고 싶어하는 작은 작업 공간이 되었다. 오래된 가옥들만 남아 침체되어 있던 성북동 작은 골목에 새로운 숨을 불어넣었다. 비록 지금은 도시구역 재개발로 인해 자취를 감춰 버렸지만, 사라진 공간을 회상하며 그 언덕 동네에서 퍼져 나오던 문화적 향수를 기억하게 했다는 점에서 만족한다.

기존 건물의 지붕을 일부 잘라내고 새로 올린 지붕 사이로 빛의 틈새가 생겼다.

시공 전 주택의 모습.

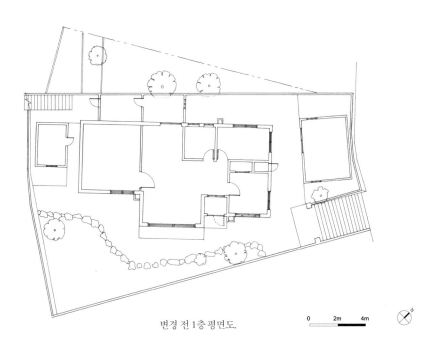

변경 전 1층 평면도.

0 2m 4m

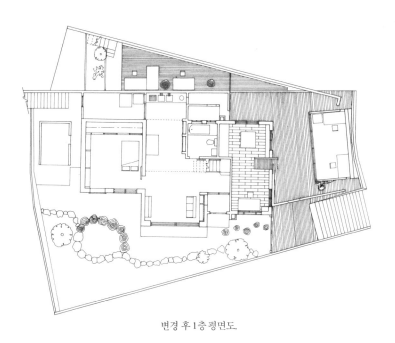

변경 후 1층 평면도.

백이십 센티미터 높이의 낮은 철재 벽체와 문은 전체 공간을 규정하고, 기존 목재로 연탄창고를 개조해
전시 및 리셉션 공간으로 활용했다.

기존 천장 구조를 그대로 드러내어 한옥의 분위기를 되살렸다.
일부는 유리로 마감하여 낮에는 조명을 켜지 않아도 될 만큼 환한 공간이다. →

리셉션과 사무실 사이에 안도 밖도 아닌 모호한 공간을 만들었다.

연탄창고로 사용하던 곳은 방문객이 드나드는 전시 및 리셉션 공간이 되었다.

건축사무소로 개조된 우측 건물의 유리문과 좌측의 전시 및 리셉션 공간 사이에
미송 판재로 간단히 짠 책상을 두었다. 바닥에는 담장으로 쓰던 벽돌을 재활용했다.

건축사무소 입구로 개조하며 도입된 철재 벽체가 옛것은
옛것대로, 새것은 새것대로 서로의 존재를 드러내고 있다.
천장으로는 새로이 높여 설치된 새 지붕과 지붕고재 구조
사이로 빛이 들어오며 시시각각 생동감을 준다.

덧붙이기—엎기

오일팔 민주평화교류원

옛것의 온전한 보존, 새것의 과감한 실험

한국 광주. C. 1966(경찰청 본관)/1944(민원실), B. 2015.

오일팔민주화운동은 1980년 5월 18일부터 27일 새벽까지 열흘 동안, 광주시민과 전남도민이 '비상계엄 철폐', '유신세력 척결' 등을 외치며 죽음을 무릅쓰고 민주주의 쟁취를 위해 항거한 역사적 사건이다. 구 전남도청 본관과 회의실, 경찰청 본관, 민원실, 상무관 등 다섯 개의 건축물은 열흘간 열린 항쟁의 주요 상징물이다.

이미 우리는 역사적 가치가 중요한 많은 건축물을 재생하여 그 의미를 기리는 건축물을 경험해 왔다. 대표적으로 폴란드 오시비엥침(Oświęcim) 지역에 있는 국립 아우슈비츠-비르케나우 박물관(Auschwitz-Birkenau Memorial Museum)과 우리나라의 서대문형무소 역사관, 남영동 대공분실 등이 있다. 이들 공간은 그 아픔의 흔적을 후대 사람들에게 계몽하는 교훈적 개념을 가진 사례들이다. 기념관 프로그램에서는 리얼리즘이라는 언어가 중시되지만, 그에 대한 새로운 접근법이 필요했다. 앞선 사례들 역시 공간이 가진 혹은 역사가 가진 가치를 잘 전달하고 있으나 나는 리얼리즘이 과거의 것을 그대로 모방하거나 재창조하는 것이 아니라고 생각했다. 역사란 현대를 살아가는 사람들이 계속해서 앞으로 나아가는 것이며 그러기 위해서는 새로운 비전을 가지고 다시금 우리에게 나아갈 활력을 주어야 한다고 믿는다.

구 전남도청과 구 전남지방경찰청은 의인들의 흔적이 여전히 살아 숨쉬는 공간이다. 열흘간의 항쟁은 우리가 상상할 수 없는 인내와 고통 속에서 흘러갔을 것이며 지금까지 그 고통들이 이어져 왔다. 오일팔 민주평화교류원은 그들의 숭고한 숨을 박제하는 것이 아니라 자연스럽게 현대에 스며들어 오랫동안 살아 숨쉴 수 있는 공간으로 제안하고자 했다.

　하지만 전시와 스토리텔링을 맡은 황지우 시인과 윤정섭 교수와 함께 공감대를 만들어 가며 진행한 제안의 과정은 순탄하지 않았다. 관련 단체, 지자체와 협의하는 과정에서 다섯 개의 건물에 대한 제안 가운데 구 전남지방경찰청 본관과 민원실 두 개만이 실현되었다. 나머지 중 구 전남도청 회의실은 오일팔민주화운동과 크게 관련은 없었지만, 전라남도에서 지어진 최초의 근대식 강의실이라 기존의 형태를 그대로 보존했다. 우리가 건물의 설계를 맡았을 때는 이미 구 전남도청의 상당 부분이 철거되고 구조적 보강이 진행되어 있었다. 충분한 논의와 검증없이 이루어진 것 같아 안타까웠다. 그래서 구 전남지방경찰청 본관과 민원실은 보존을 위해 여러 차례 심도 깊은 협의가 이루어졌다. 본관이 가진 외관은 최대한 보존하고 기술적인 보강을 위해 기존 벽에서 약 사십 센티미터 떨어뜨려 철골 부재들을 설치했다. 민원실 내부는 오일팔민주화운동의 정신적 충만함을 느낄 수 있도록 하기 위해 오일팔민주화운동의 길인 금남로의 아스팔트를 통째로 떼어 놓았다. 벽면 일부에 구로 철판들을 붙여 어두웠던 당시 분위기를 재현했다. 공간이 가진 흔적은 그대로 남기되, 전시 콘텐츠를 활용하여 현대적인 해석을 꾀했다. 복도에 있던 천장을 제거해 공간감을 높였다.

　새로운 연결동선과 기존 건물의 형태를 보존하여 건물이 가진 가치를 되살리고자 했지만, 다섯 채의 건물이 큰 기념비적인 성격을 가진 탓에 실현되기 어려웠다. 하지만 구로 철판을 덧대거나 원래 공간이 잘 보이도록 재정비하여 역사의 산 증인인 건물의 아름다움을 돋보이게 할 수 있었다. 과거 흔적의 가치만을 고집해서는 좋은 재생건축이라 할 수 없다. 방문객을 위한 새로운 프로그램이나 역할, 공간감으로 색다른 건축적 해석이 필요했다. 이번 프로젝트는 내가 미국 몬태나주립대학교 졸업 논문 설계 프로젝트로 진행한 '중앙청 허물고 민주항쟁 기념관 세우기'에

대해 건축가로서 후회와 반성을 더욱 깊게 만들었다. 그때는 기존 건물을
부수고 새로운 건물을 만들어야 새로운 역사를 만들 수 있다고 생각했기
때문이다.(이후 귀국하여 건축사무소를 연 뒤 '중앙청 지하 박물관'
프로젝트 제안을 새롭게 하게 된다.) 역사성이 중요한 재생 프로젝트는
'보존'과 '앞으로 나가기' 사이의 고민이다. 정답이 있는 것은 아니지만,
나는 다섯 개 건축물 자체의 역사를 보존하고 오일팔민주화운동의 의미와
희생 정신의 숭고함을 존중해 새로운 가치로 승화하는 것이 중요하다고
생각했다. 오일팔민주화운동 당시 상황을 은유와 상징으로 해석한 전시
콘텐츠를 구 전남도청 본관, 구 전남지방경찰청 본관과 민원실 등에
담아냈다.

기존의 외관을 그대로 간직한 구 전남도청 회의실(왼쪽)과 구 전남도청 본관(오른쪽).

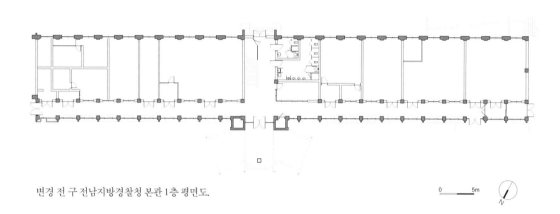

변경 전 구 전남지방경찰청 본관 1층 평면도.

0 ━ 5m

N

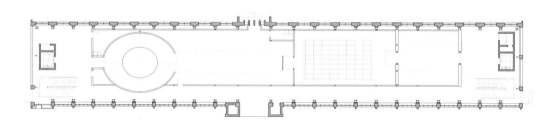

변경 후 구 전남지방경찰청 본관 1층 평면도.

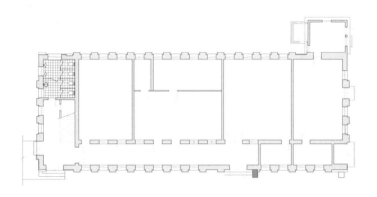

변경 전 구 전남지방경찰청 민원실 1층 평면도.

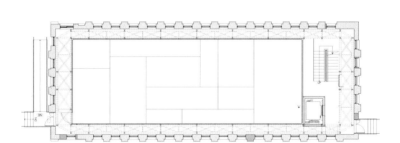

변경 후 구 전남지방경찰청 민원실 1층 평면도.

구 전남도청 회의실은 오일팔민주화운동과 크게 관련은 없었지만, 전라남도에 지어진 최초의 근대식 강의실이라
기존의 형태를 그대로 보존했다.(왼쪽) 구 전남지방경찰청 민원실은 최대한 외관을 보존했다.(오른쪽)

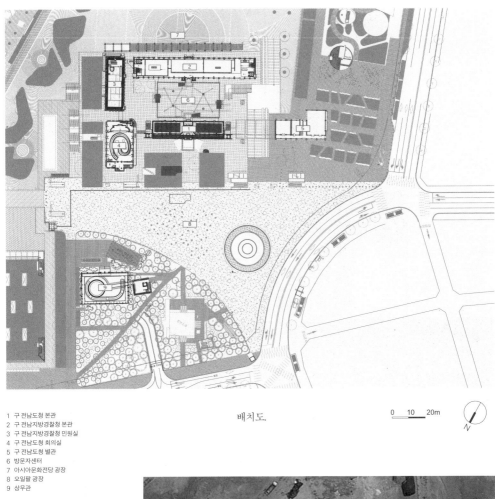

1 구 전남도청 본관
2 구 전남지방경찰청 본관
3 구 전남지방경찰청 민원실
4 구 전남도청 회의실
5 구 전남도청 별관
6 방문자센터
7 아시아문화전당 광장
8 오일팔 광장
9 상무관

배치도.

0 10 20m

N

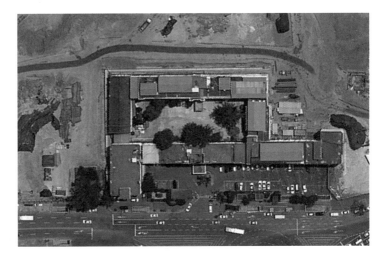

구 전남도청과 구 전남지방경찰청 위성사진. 2008년.

구 전남지방경찰청 본관의 천장을 제거해 공간감을 높였다.

← 구 전남지방경찰청 본관은 철골 프레임 구조를 사용해 구조를 보강해 주었다.

구 전남지방경찰청 본관의 기존 계단은 안전상의 문제로 사용하지 못하고 새로 설치했다. →

구 전남지방경찰청 본관 바닥에는 오일팔 민주평화교류원 건립과정에서 나온 벽돌과 철제들이 전시되어 있다.

← 구 전남지방경찰청 본관 1층부터 3층까지 높게 세워진 조형물에는 평범한 사람들의 얼굴이 담겨 있다.

구 전남지방경찰청 민원실 내부는 마감하지 않은 철판을 세워 놓는 것만으로 기존 건물의 아름다움을 드러내고
그 사이로 빛이 스며들게 했다.

오일팔민주화운동의 길인 금남로의 아스팔트를 통째로 떼어 놓았다. 벽면 일부에 구로 철판들을 붙여 어두웠던 당시를 생생하게 보여주었다.

구 전남지방경찰청 민원실 외관. 기존의 벽체를 그대로 보존하기 위해 철 구조 보강과
철 계단을 설치했다.

구 전남지방경찰청 민원실 내부. 구조 보강을 위해 철골 프레임을 세우고, 새로운 계단을 만들었다. →

F1963
그늘진 산업시설에 스며든 빛과 바람

한국 부산. C. 1963, B. 2016.

1963년, 부산 수영구 망미동에 고려제강의 첫 공장이 자리잡았다. 사십오 년 동안 와이어를 생산하는 공장으로서 기능하다가, 2008년 모든 생산을 종료하고 설비를 다른 공장으로 이전했다. 기능을 상실한 공장은 제품들을 보관하는 창고로 쓰이고 있었다. 그러다 2016년 부산비엔날레의 전시장으로 활용되면서 새로운 활용의 가능성을 얻게 되었다. 층고가 높고, 면적이 넓은 공장은 다양한 예술작품을 전시하기 적절했고, 거친 구조는 개성있는 작품들과 시너지 효과를 냈다. 이를 계기로 산업화 시대를 대표하던 공간은 예술과 문화, 사람이 공존하는 복합문화공간으로 태어나게 된 것이다.

오랜 기간 공장으로 사용, 증축되어 온 이곳은 건물의 옛 형태와 골조는 유지하고 일부를 잘라내고 덧붙여서 F1963이라는 새로운 공간으로 탈바꿈했다. 세월의 흔적을 완전히 새로운 것으로 덮어 버리거나 낡은 것을 어울리지 않게 그대로 놓아두지 않고 옛것과 새것의 조화를 재생의 중요한 요소로 생각했다. 고르지 않은 벽체, 얼룩진 바닥, 시간의 흐름이 느껴지는 목조 구조체들은 공장이 가동되던 활발했던 모습을 기억한 채 최대한 보존되었다.

F1963에는 세 개의 네모가 존재한다. 중앙에 위치한 첫번째 네모는 공장의 일부분을 잘라내 만든 중정이다. 콘크리트 바닥을 잘라내어 조경

디딤판으로 9.5×30미터 면적의 중정을 조성했다. 기존 땅에서 약 오십 센티미터 파고 들어가 원래 흙과 땅을 드러냈다. 배수를 위해 마사를 얇게 깔아 원래 땅의 단단함을 두 발로 디딜 수 있다. F1963의 가장 안쪽에 위치하는 중정은 빛과 바람이 스며들어 폐쇄적인 공간을 열린 공간으로 확장하며, 세미나, 파티, 음악회 등을 할 수 있는 모임 공간이다. 중정을 둘러싸고 있는 두번째 네모는 카페, 식당 등으로 구성된 휴식 공간이고, 세번째 네모는 미술관과 도서관, 서점 등 다양한 문화예술의 콘텐츠를 향유하도록 배치했다.

F1963의 전면에는 익스팬디드 메탈을 덧붙였다. 마치 그물 같은 익스팬디드 메탈 사이사이로 빛이 스며들어 어두웠던 공장을 환하게 비추어 준다. 공장 외벽에 전혀 다른 소재를 붙여 과거의 공간에서 확장하는 가능성을 높였다. F1963의 특별한 가치는 소소한 곳에서도 느낄 수 있다. 공장에서 허물어진 벽돌벽이나 공장의 심장이었던 발전기 등을 원형 그대로 보존하여 사람들의 감성을 자극한다. 또 콘크리트 슬라브를 발판으로 재활용하거나, 목재 트러스를 벤치로, 철재를 안내판으로 재사용해 새로운 방식의 건축 만들기를 제시했다.

F1963의 F는 Factory(공장)를, 1963은 폐공장이 처음 지어진 해를 의미한다. 옛것과 새것이 만나 어떠한 조화를 만들어낼 수 있는지 보여주면서 오래된 것이 가진 어두운 면모를 유연하게 재활용하여 긍정적인 분위기와 경험으로 전환시켰다. 보잘것없던 흔적 위에서 소박하고 잔잔한 여유를 커피나 맥주와 함께 즐기고, 전시나 공연도 감상할 수 있는 매력적인 공간. 새로운 빛을 머금은 복합문화공간 F1963은 자신의 모습을 간직한 채 흥미로운 문화의 활력소로 자리잡았다.

공장의 모습을 가지고 있으면서 전혀 다른 공간으로 변신했다.

변경 전 공장의 모습.

← F1963으로 망미동의 풍경이 달라지고 있다.

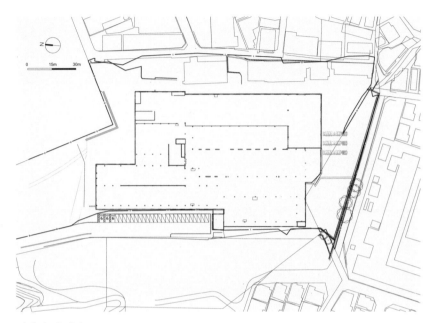

변경 전 1층 평면도

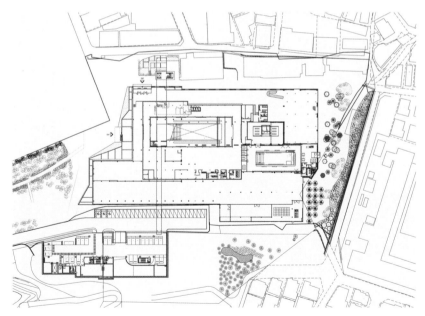

변경 후 1층 평면도. 붉은 색 부분은 브리지이다.

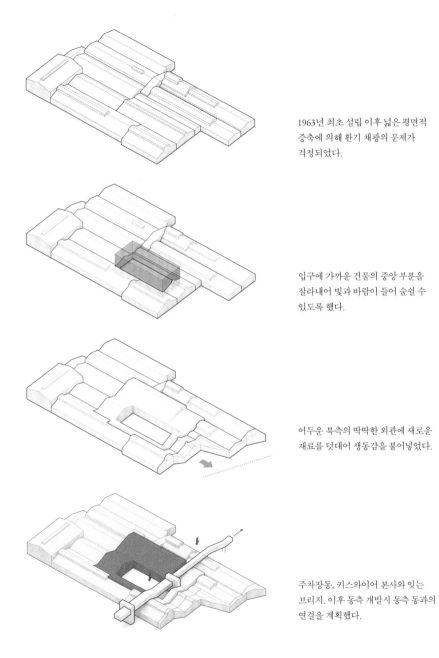

1963년 최초 설립 이후 넓은 평면적 증축에 의해 환기 채광의 문제가 걱정되었다.

입구에 가까운 건물의 중앙 부분을 잘라내어 빛과 바람이 들어 숨쉴 수 있도록 했다.

어두운 북측의 딱딱한 외관에 새로운 재료를 덧대어 생동감을 불어넣었다.

주차장동, 키스와이어 본사와 잇는 브리지. 이후 동측 개발시 동측 동과의 연결을 계획했다.

← F1963의 전면에는 익스팬디드 메탈을 덧붙였다. 기존 벽과 전혀 다른 재료를 사용해 과거의 공간이 확장할 수 있도록 했다.

북측 입구의 어둡고 칙칙한 분위기를 개선하기 위해 투명한 재료의 지붕과 익스팬디드 메탈을 이용한 벽체로
빛은 받아들이고 강한 자외선은 반사하도록 했다.

익스팬디드 메탈 사이사이로 빛이 스머들어 어두웠던 공장을 환하게 비춰 주며 생동감을 더한다.

거친 공장의 골조와 매끈한 바닥이 상충되면서 낯선 분위기를 자아낸다.

빛을 잔뜩 머금은 입구를 지나면, 공간의 뼈대를 노출시킨 거대한 공간이 펼쳐진다.

옛것을 완전히 새것으로 덮어버리거나 현재와 어울리지 않게 그대로 놓아두는 것이 아니라, 새롭게 재해석하는 것을
재생건축의 원칙으로 세웠다. 2016년 부산비엔날레가 열리고 있는 모습.

콘크리트 바닥을 잘라내어 조경 디딤판 재료로 활용해 중정을 조성했다.

넓은 공장 평면의 중간 부분을 잘라내 중정을 만들었다. 이곳으로 빛과 바람이
스며들면서 폐쇄적인 공간이 열린 공간으로 확장했다. →

네 조각 집

따로 또 같이, 공동 주택의 생존법

한국 부산. C. 1972, P. 2017.

기존 공장을 재생한 F1963은 낙후된 망미동에 활기를 불어넣었다는 평가를 받았다. F1963으로 망미동을 찾는 사람들이 늘어나면서 '망리단'이란 별명이 붙긴 했지만, 이곳 주민들은 오래된 주거 공간과 공공 시설의 낙후로 인해 여전히 양질의 개인 공간을 점유하지 못하고 있다. 큰 맥락이 해결되었다면 세부적으로 파고 들어가 내부를 살펴볼 필요가 있었다. 도시재생 프로젝트는 공공성만 강조하고 새로운 공공 장소 건립에만 초점을 맞추기 쉽다. 하지만 새 건축물로만 지속가능한 가치를 내재화할 수 없다. 새로운 지속가능한 사회적 가치를 찾기 위해서는 새로운 건물이 아닌 기존 도시조직과 건물을 활용하는 것이 옳다고 생각한다. 지역 주민들이 활용할 수 있으면서 공공성의 거점이 될 수 있는 장소로, F1963 바로 맞은편 구 고려제강 직원 사택 건물을 선택했다.

　이 건물은 투박한 시멘트 블록 담장으로 둘러싸여 있고, 총 네 개의 동으로 이루어져 있다. 모두 같은 형태를 띠고 있으며, 작은 필지 안에 개별 담장이 애매한 외부 공간을 만들고 있었다. 마치 과거에만 머물고 있는 듯한 구조는 쇠퇴해 가는 망미동의 현실을 그대로 보여주고 있는 것 같았다. 과거 아궁이를 사용했던 한옥처럼 거실과 주방 사이에는 작은 단차가 있어 이동이 불편했고, 툇마루 형태의 작은 복도는 단순히 방과 방을 연결해 주는 통로일 뿐 다른 공간으로 활용하기 부족해 보였다.

담장을 허물고, 현대인에 맞춘 기능을 부여한다면, 새로운 가치를 담아낼
재생공간이 되리라 생각했다.

　다만 기존 규모를 유지하기는 어려울 것 같았다. 건물 전체를 공공을
위한 공간으로만 조성한다면 운영과 프로그램에 대한 고민이 이어지기
때문이다. 만일 규모를 늘려 일부 공간을 예술가나 작가가 사용한다면
사용자의 개성이 반영된 공간이 나오리라 생각했다. 예술가들을 위한
개인 공간이자 지역 주민들이 이용할 수 있는 공공 공간을 배치하기
위해서는 층으로 명확히 성격을 구분해 주는 것이 중요했다. 원래 있던
1층은 전시장이나 공용 공간을 두어 예술가는 물론 지역 주민들이
필요할 때 언제든지 사용할 수 있도록 디자인했다. 반면 그 위에 새로
올린, 마치 종이를 접듯 가벼운 구조의 양철지붕으로 된 2층은 예술가의
개인 공간이다. 서로 다른 물성의 대조를 통해 1층과 2층을 직관적으로
구분했다.

　담장으로 도시와의 연결이 물리적으로 완벽히 차단되어 있었고, 담장은
각 건물들을 섬처럼 독립시켜 서로를 차단하고 있었다. 자유로운 공간
활용을 위해서 모든 담장을 철거해야 했지만, 담장을 철거하는 것만이
해법은 아니라 생각했다. 담장을 일부만 제거해 흔적은 남겨두고, 각각의
필요한 높이만큼 잘라내 의자나 탁자 등으로 활용할 수 있게 디자인했다.

　네 조각 집은 실제 완공된 프로젝트가 아닌 제안에 그쳤다. 하지만
망미동처럼 비슷한 도시구조를 가진 곳 어디든 적용할 수 있을 거라
기대한다. 기존 건물의 저층부나 일부를 도시에 과감하게 제공하고 개인
공간은 독립성을 확보할 수 있는 시스템을 도시재생 지역에 적용한다면,
건물 하나의 재생을 넘어 도시 전체의 가치를 높이는 효과를 얻을 수 있을
것이다. 시대가 점차 변해 세대 구성원이 작아지면서 이전과 같은 공동체를
만들기 어려운 시대가 되었다. 개인의 공간을 확보하고 공동이 사용할 수
있는 공간을 내어주면 여러 세대가 공감할 수 있는 문화적 연대와 참여가
일어나리라 기대한다.

작은 필지 안에 각각의 사택 주변으로 담장이 둘러싸여 있어 외부 공간을 활용하기 어려웠다. 자유로운 공간을 위해서는 모든 담장을 철거해야 하지만, 일부의 담장만 제거해 담장의 흔적을 남겨두었다.

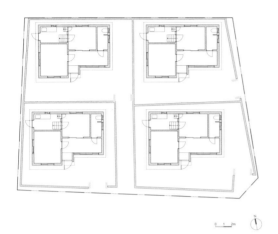

변경 전 평면도   변경 후 평면도

구 고려제강 직원 사택. 현대식 건물처럼 보이지만, 내부는 한옥과 같았다.

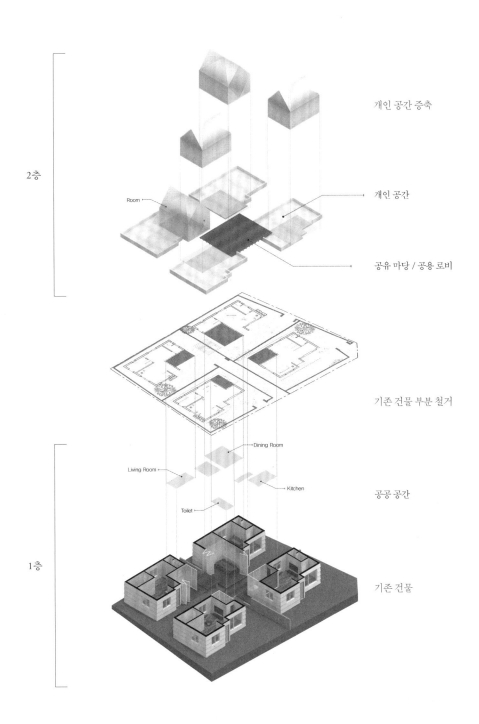

공간의 흐름을 보여주는 다이어그램.

1층은 기존 주택의 구조를 사용하고, 2층은 양철로 디자인해 추가했다. 1층과 2층의 대조적인 물성은 공간의 성격을 직관적으로 구분할 수 있다.

← 1층은 전시장이나 공용 공간을 두어 예술가는 물론 지역 주민들이 사용할 수 있도록 디자인하고,
   2층은 예술가의 개인 작업 공간으로 구성했다.

도시와 연결이 물리적으로 차단되어 있던 담장을 완전히 철거하지 않고, 일부 흔적을 남겨두었다.
각각 필요한 높이만큼 잘라내 의자나 탁자 등으로 활용할 수 있게 했다. →

금곡동 15-1
평범한 두 건물이 새로운 하나로

한국 서울. C. 2000년대, B. 2017.

서울 외곽 개발구역에 있는 금곡동 사무실은 본래 인접한 두 동의
건물이었다. 2000년대 지어진 어디서나 흔히 볼 수 있는 근린생활 건물 중
하나다. 일반적으로 재생건축이라고 하면 방직공장이나 창고 같은 산업
시대의 유물 같은 공간을 활용하는 것만 생각하기 쉬워, 어쩌면 두 동의
건물도 허물고 새로 지어야 했을 수 있다. 하지만 두 건물은 구조와 형태가
노후되지 않았고, 우리는 건물을 철거하지 않아도 간단한 방식으로 건축의
가치를 드높일 수 있다고 판단했다.

　무엇보다 건축주는 두 동으로 이루어진 건물을 하나로 보이길 원했다. 약
삼백오십 센티미터밖에 떨어져 있지 않지만, 다양한 외장재를 사용한 탓에
두 건물은 닮은 듯, 전혀 달라 보였다. 두 건물의 일관성을 위해 석재, 블록
패널, 목재 사이딩 등의 재료를 걷어내고 모두 블록 패널로 교체한 후 밝은
회색으로 도장해 단순한 박스로 탈바꿈시켰다. 그런 다음 두 개의 건물을
붉은 색 익스팬디드 메탈로 묶어 주었다. 익스팬디드 메탈은 찢겨져 늘어난
메탈의 틈새를 이용해 구멍의 크기나 방향 모양에 따라 다양한 느낌을
연출할 수 있고, 건물의 기능을 향상시킬 수 있다. 또한 다양한 크기의
패널로 되어 있어, 한 사람이 손쉽게 다룰 수 있으며, 여러 개를 연결해
거대한 면을 만들 수도 있다. 회색의 입면에 가볍고 단순한 느낌의 메탈
소재의 대비로 과거와 현재의 이미지를 부각하고자 했다. 특히 동측 입면을

그대로 보존하고 익스팬디드 메탈을 기존 입면 개구부에 따라 열린 형태로
설치해 쾌적한 자연광이 내부 깊숙이 유입될 수 있도록 디자인했다. 햇빛의
방향에 따라 스크린 패널들의 각도를 조절하여 더욱더 많은 양의 채광과
환기를 확보할 수 있다.

　두 건물은 각각 어린이집, 가정집, 사무실 등으로 활용되던 곳이라, 좁은
면적이 여러 공간으로 나뉘어 있었다. 외부와 마찬가지로 내부도 여러
구조체와 재질이 혼재되어 있어, 하나로 보일 수 있는 연속성이 필요했다.
우리는 새로운 프로그램에 맞게 부분적으로만 구조체를 비워내기로 했다.
벽을 일부만 제거하고 철근, 콘크리트 등을 그대로 드러내어 독특한 공간의
경계를 만들었다. 동선 계획에 따라 벽을 헐어낸 아슬아슬한 개구부는
철저한 구조 검토를 거쳐 이루어졌다. 노출된 벽면 외에 설치된 하얀색
박스는 건물 내 전기, 소방, 설비 시설을 가리는 동시에 거친 콘크리트와
극적인 대조를 이루어 기존 건물의 모습을 강조했다. 동시에 매끈하고
컬러풀한 플라스틱을 철골 구조를 드러낸 부분에 덧대 대비를 주었다.

　눈에 띄는 변화는 아니지만, 철저히 계획하고 보완하여 도시에서 흔히
볼 수 있는 두 동의 건물에 새로운 생명력을 불어넣어 주었다. 기존의
것과 새로운 것의 대비와 간결한 디자인, 그리고 내부의 참신한 디자인은
사용자와 방문자 모두에게 매력적으로 다가갈 것이다.

기존 동측 마당을 그대로 보존하고 익스팬디드 메탈에 개구부를 두어 기존 입면형태대로 열릴 수 있도록 했다.

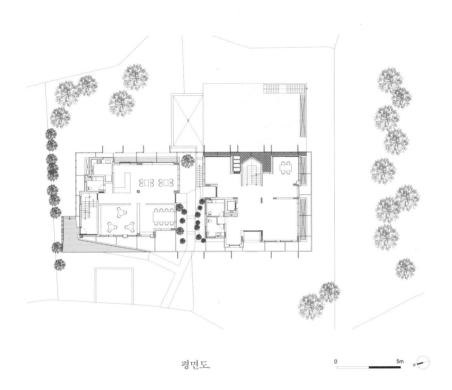

평면도.

0   5m

시공 전 동측 외관.

시공 전 내부.

← 인접해 있던 두 건물을 붉은 색 익스팬디드 메탈을 활용해 하나로 묶어 주었다.

익스팬디드 메탈은 구멍의 크기와 모양에 따라 다양한 느낌을 연출할 수 있다.

다양한 크기의 패널로 되어 있어, 혼자 손쉽게 다룰 수 있으며, 여러 개를 연결해 거대한 면을 만들 수도 있다.

새로운 프로그램에 맞게 부분적으로 구조체를 비워냈다.

벽을 일부만 제거해 철근, 콘크리트 등을 그대로 드러냄으로써 독특한 공간의 경계를 만들었다.
안쪽으로 보이는 하얀색 박스는 설비를 가리는 기능을 하며 거친 벽과 대조를 이룬다.

매끈한 컬러 플라스틱을 거친 벽체와 대비를 이루게 해, 새로운 재생 방식을 실험했다.

건물의 구조를 덜어낸 아슬아슬한 개구부는 철저한 구조 검토를 통해 이루어졌으며,
여러 공간으로 이어질 수 있도록 별도의 동선계획을 세웠다. →

옛 공간과 새로운 물성을 오버랩하고, 새로운 것을 덧붙임으로써
각각의 가치를 강조하고자 했다.

← 많은 것을 바꾸지 않으면서도, 도시에서 흔히 볼 수 있는 두 동의 건물에 새로운 생명력을 불어넣어 주었다.

상상플랫폼
차가운 곡물 창고를 가로지르는 새로운 흐름

한국 인천. C. 1978, P. 2020.

인천은 개항 이래 백여 년이 넘는 세월 동안 서울과 해외무역을 연계하는 경제활동을 수행하면서 서울의 관문 역할을 했다. 하지만 해양물류의 중심적 역할을 해 오던 인천 내항과 원도심은 신도시 쪽으로 기능이 이전되면서 쇠퇴의 길로 접어 들었다. 사실 바다를 중심으로 발달한 도시였지만 항만은 거주민들의 것이 아니었다. 항만 주변엔 창고들이 가득했고, 일부 사람들만 출입이 가능했다. 하지만 이제 내항의 쇠퇴로 사람들은 바다도 잃고 일자리도 잃었다.

견고한 철골로 지어진 곡물 창고는 내부에 기둥이 없는 단일 건물로 길이 이백칠십 미터, 폭 사십오 미터, 지붕 최고 높이 십구 미터 오십 센티의 일상생활에서 마주할 수 없는 거대한 스케일이었다. 곡물 분류와 저장 역할을 위해 지어진 독특한 구조물은 압도적인 공간감을 가지고 있었고, 세월의 흔적이 묻어나는 벽면과 창호는 그 어느 건물도 대체할 수 없는 특별함이 있었다. 산업화의 유산인 항만 창고는 산업이 발전하면서 그 가치는 사라졌지만, 물리적인 환경은 훌륭한 잠재력을 가지고 있었다. 기존 창고의 구조와 기능적인 형태를 존중하면서 바다와 도시를 가로막고 있던 건물의 숨통을 트이게 하는 것이 첫번째 목표였다.

기존 창고는 인간의 삶을 담는 그릇은 아니었지만, 종교건축에서 느낄 수 있는 웅장함과 경건함을 내뿜고 있었다. 이백칠십 미터의 긴 구조를 강조하기 위해 전체를 아우르는 동선 체계를 언덕 형태로 만들었다.
이 언덕은 새로운 프로그램을 연결하는 매개체이자 다양한 이벤트를
수용하는 무대가 되고, 사람들의 감각을 자극하는 산책로의 역할을 하게
할 의도였다. 긴 박공지붕의 중간중간을 잘라내어 빛과 바람이 통하도록
마감했다. 외부인 듯 내부인 전이 공간에서는 식생들이 자라날 뿐만
아니라, 다양한 옥외 이벤트를 수용할 수 있다. 또한 박공지붕에 박스를
추가하여 바다가 바라다보이게 구조에 변화를 주었고, 사람들이 완만한
지붕면의 일부를 걷는 특별한 경험도 가능하게 했다.

이 프로젝트는 차갑고 무뚝뚝한 창고가 도시에서 어떻게 읽히고
경험될지 고민하고, 시각과 감각을 연결하는 데 집중했다. 넓은 지붕면에
경쾌하게 매달린 구조물과 건물 사이사이에서 새어 나오는 빛은 인천의
새로운 랜드마크가 되기에 충분했다. 주변 도시가 원하는 새로운 시대성과
장소성을 반영하며, 하나의 완성된 결과물이 아니라 계속 상생하고 함께
호흡해 나가길 기대했던 프로젝트였으나, 아쉽게도 제안으로 그쳤다.

사람들에게 특별한 경험을 제공하기 위해 완만한 지붕면 일부를 걸을 수 있도록 디자인했다.

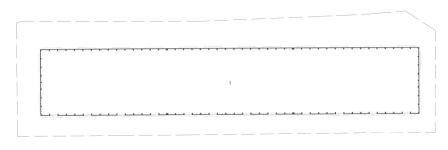

변경 전 1층 평면도.

0   50m

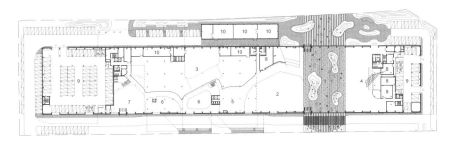

변경 후 1층 평면도.

변경 전 곡물 창고의 모습.

← 바다를 중심으로 발전한 도시이지만, 항만은 시민들의 것이 아니었다.

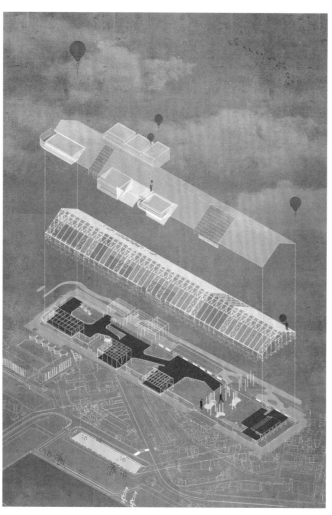

공간의 흐름을 보여주는 다이어그램.

이백칠십 미터의 긴 구조를 강조하기 위해 전체를 연결하는 언덕을 만들었다. 이 언덕은 새로운 프로그램을 연결하는 매개체이자 다양한 이벤트를 수용하는 무대가 될 것이다.

긴 박공지붕 가운데 삼십 미터 정도를 비워내 외부인 듯 내부인 전이 공간을 만들었다. 이곳에서 사람들은 결혼식을 하거나
요가 프로그램 등 다양한 이벤트를 즐길 수 있다.

특별한 소비와 목적이 없어도 상상플랫폼의 다양한 공간을 이용할 수 있도록 계획했다.
빨갛게 노을이 지는 오후에 사람들은 계단에 걸터 앉아 지는 해를 바라볼 수 있다. →

상상플랫폼은 도시와 항구를 연결하고 사람들을 끌어들이는 공간이면서 다양한 가능성을 가진 공간으로 계획했다.

어떤 프로그램이 들어와도 유동적으로 수용할 수 있도록 오픈 플랜을 계획했다. 이곳을 방문하는 사람들은 인공으로 만든 언덕을 거닐면서 자유롭게 공간을 경험하게 된다.

차갑고 무뚝뚝한 창고가 도시에서 어떻게 읽히고 경험될지 고민하고, 사람들의 시각과 감각을 연결하는 데 집중했다.

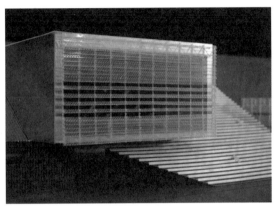 

지붕면을 뚫고 나가는 박스를 두어 외부로의 확장성을 강조했다.

바다에서 바라본 상상플랫폼 가상도. 곡물 창고의 구조와 기능적인 형태를 존중하면서 바다와 도시를 가로막고 있던 건물의 숨통을 트이게 하는 것이 이번 프로젝트의 첫번째 목표였다.

라운드 테이블

열린 공간을 지향하는 재생

조병수 × 천의영 × 윤자윤

천의영(이하 천) 비씨에치오 파트너스가 이 책에서 재생건축과 도시재생을
이야기하는데, 사실 도시재생을 할 때 '무엇을 열 것인지'가 아주 중요하다.
'열다'는 물리적 공간을 여는 의미도 있지만, 사회적 차원에서 여는 것도
있고, 운영방식을 여는 것도 있다. 또 심리적으로 사람들의 마음을 여는
것도 여기에 포함될 것이다. F1963은 개인이 운영하는 공간이면서도
공공기관과 연결되어 있고, 누구든 공간을 이용할 수 있다. 이러한
개방성은 자산의 가치를 높인다는 점에서 특별하다. 도시의 각 점들을
연결하고 서로 소통하면 도시의 문이 열린다. 그곳에 새로운 프로그램이나
이벤트들이 생기고 활성화하는 것이다. 이렇게 개인 또는 민간 공간이
공공 공간의 성격으로 바뀌면서 새로운 열린 공간의 가능성을 만들게 된다.
하지만 이러한 결과를 처음부터 전부 예상했으리라고 생각하지 않는다.
공간들이 점진적으로 생겨나고 연결되어 새로운 가능성이 만들어지는
것이라 이해된다. F1963이 도시의 점 같은 역할을 한 것이고 그 점들이
연결되었던 것 같다.

조병수(이하 조) 우리가 지금 도시재생이라고 부르는 개념이 나오기 시작한
때는 1960-1970년대이다. 1960년경에 하버드에 어반 디자인과가 생겼고,
샌프란시스코의 기라델리 초콜릿 공장이 모범적으로 리모델링되었다.

당시 도시재생이 활발하게 이루어진 것은 고속도로 개발 덕분이다. 그 전에는 배나 기차를 이용해 교류가 이루어졌다면, 고속도로가 생기면서 자동차로 더욱 쉽게 이동할 수 있게 되었다. 자연스럽게 항만시설이나 부둣가 창고들은 기능을 잃었고 새로운 공간으로 개조되기 시작한 것이다. 항만시설은 이미 많은 사람들이 사용하는 공간이었기 때문에, 자연스럽게 공공성이 강조된 박물관이나 미술관 등으로 사용됐다.

어반 디자인이란 말이 생기면서, 이를 계기로 어떤 건축적 디자인이 나올 수 있는지 하는 문제가 대두되었다. 어반 디자인에 대한 관심이 높아지던 1980년대 뉴욕이나 보스턴의 사례가 주목받았다. 대형 자본이 투자되는 프로젝트다 보니 건축의 가이드 라인을 확실하게 제시할지, 아니면 어떠한 규정도 주지 않을지 등 여러 가지 논쟁이 발생했다. 배터리 파크(Battery Park)의 경우 재료나 형태를 제약했고, 너무 많은 제약이라며 불만을 토로하기도 했다. 한편, 다수가 이용할 수 있는 공간을 만들기 위해 노력했지만, 실제로는 몇몇 사람만 이용하는 공간이 되었다.

이런 사례들을 실제로 겪다 보니, 자연스레 재생건축에 대해 많이 고민했다. F1963은 항만시설도 아니고 공공의 건물도 아니었지만, 새로운 생명을 불어넣는 과정에서 부산비엔날레를 유치하게 되었다. 어쩌면 아주 상업적인 공간이 될 수 있었지만, 건축주 내외의 일관성 있는 문화예술에 대한 관심과 노력 덕분에 모든 사람을 위한 공간이 되었다. 그 과정은 한번에 이루어진 것이 아니다. 눈에 보이지 않는 여러 차례의 노력으로 오랜 시간을 투자했고, 결국 좋은 사례가 되었다. F1963이 위치한 수영구는 원래 낙후된 동네였는데, 민간의 자원 덕분에 동네가 활기를 되찾았다. 그러다 보니 자연스럽게 부산시 같은 공공기관에서도 망미동의 도로 재건 사업을 하는 등 적극적으로 지원을 하게 되었다.

천 어떻게 보면 공공과 민간이 F1963에서 뜻밖의 협력을 불러일으킨 사례인 것 같다. 전시관이나 서점 같은 프로그램이 입점하면서 자체가 하나의 문화복합체로 성장하게 되었다. 이런 부분들이 우리가 앞으로 지향해야 하는 모델이 되어야 하지 않을까?

조　건축주는 공간에 대한 성격을 담백하게 지키기 위해서 스타벅스
같은 이미 상업화한 시스템이 들어오면 분위기를 망친다고 생각했다.
그런 시스템보다는 개인이 만든 카페나 중고책을 볼 수 있는 서점 같은
프로그램이 일반 시민들에게 좀더 편안함을 줄 수 있을 것이라 여겼다.
개성이 강한 프로그램을 하나로 묶어 주기 위해서는 중정이 필요했다.
사람들은 중정을 중심으로 모여들게 되고 서로 교류할 수 있다. 각각의
프로그램은 중정을 통해 서로 밀접하게 연결되어 있다. 그러다 보니,
행사가 있을 때 서로 협력하고 시너지를 발휘하게 된다. 우연한 계기로
완성된 부분도 있지만, 건축주의 이해와 의지가 중요했다. 상업성이 높은
프랜차이즈 같은 곳을 유치했다면 오히려 평범해졌을 것이다. 건축주는
눈 앞의 이익보다는 장기적인 프로그램으로 문화가 있고 지역성이 있는
공간이 되길 바랐다. 이것이 바로 F1963의 성공적인 요소이다.

천　그런 의미에서 두번째로 주목하고 싶은 점이 '연결'이다. F1963은
도시의 맥락과 연결되고 시각, 공간으로도 연결되어 있다. 도시재생에서
생각해야 하는 중요한 요소 중 하나는 사유화하지 않고 누구나 올 수
있는 공공 공간을 만드는 것이다. 많은 건축물이나 단지에서 공개공지나
열린 공간을 볼 수 있지만, 실제로는 외부인들이 이용하기 힘든 '게이티드
커뮤니티(gated community)'가 많다. 누구든 이용하게 만들었지만,
역설적으로 범죄에 노출되기 쉬워 누구에게나 문을 개방하지 않는다.
공공성과 안전성은 약간 서로 상반된 가치인 것 같다. 적절히 균형을
맞추면서, 서로 연결하고 행위나 이동에 대해 동기를 부여할 때, 공적으로
도시 공간에 많은 방문객을 유도하고, 사람들을 기분 좋고 건강하게 걷고
싶게 하며, 여러 상업적 가능성도 뒤따라오게 한다.

조　'연결'이라는 말이 중요한 것 같다. 활성화되고 동네가 활기를 찾다
보니 수영구에서도 예산을 확보해 전철역에서 F1963까지 연결된 길을
개선한다고 했다. 공공에서 예산을 확보하니, 고려제강에서도 새로운
계획을 준비 중이다. 콘크리트 블록으로 투박하게 지어 놓은 직원들을 위한

F1963의 야경.(위)
이곳에서 부산비엔날레가 개최되면서 뜻밖의 협력이 이루어졌다.(가운데)
고려제강 사무실과 복합문화공간인 F1963이 자연스럽게 연결되어 있다.(아래)

사택이 있다. 이 집은 지금은 사용하지 않지만 독특한 형태를 띠고 있다. 네
채의 집이 한 필지 안에 있고, 각각의 집은 담장으로 둘러싸여 있다. 나는
이곳의 담장을 완전히 철거하는 것이 아니라, 일부만 허물고 잘라내서
집과 집을 연결하고 마당을 공유하게 하는 계획을 '네 조각 집'이라는
이름으로 제시했다. 1층에는 거실이나 주방 같은 공용 공간을 두고, 2층에
아티스트들이 작업할 수 있는 공간을 계획했다. 아티스트의 개인 공간은
철저하게 닫아 프라이버시를 지켜주었다. 예술가들이 공용 공간으로
나왔을 때 외부 사람들과 주변 예술가를 만나며 완전히 자신의 마음을 열게
될 것이다. 아직 진행되고 있진 않지만, 마을을 재생할 때 활용할 수 있는
방안인 것 같다.

천   그것까지 완공되면 수영구 전체가 활기를 띨 것 같다. 사실 이곳은
수영강만 건너면 부산의 신도시 센텀시티가 위치하고 있지만, 그 풍경은
사뭇 상반된 도시의 모습이다. F1963은 아직 작은 시작이지만 점점
커지면서 여러 사람의 상상력이 모이는 도시의 열린 문화 공간이 될
것이다. 점점 새롭게 진화해 가리라 생각한다.

조   일반적으로 사람들은 개인의 공간을 열어 주었을 때 침범받는다고
생각한다. 하지만 막상 열어 주고 나면 시너지 효과가 생긴다. 일종의
창조적 공유(creative commons)가 되는 것이다. 다른 지역에 없는 특별한
곳이 되는 것이다. 이러한 방식은 당장의 이익을 극대화할 수는 없지만,
점차 파급 효과가 나타나는 것 같다.

천   개인과 민간의 공간을 열고, 많은 활동이 일어나면서 뜻밖에 사회적인
창조적 공유가 생긴다. 이는 상업적으로도 도움이 된다. 비씨에이치오
파트너스가 작업한 상상플랫폼 역시, 창조적 공공 공간은 방문객을
끌어들이고, 그러면 개발이익도 자연히 커질 수 있다는 생각에 바탕을 두고
있다. 그러나 성격이 다른 공공과 민간의 협력이 그리 용이하지는 않을
거라 예상된다.

윤자윤(이하 윤)　　재생건축과 공공을 연결할 때, 모든 재생건축이 무조건적으로 열려 있어야 하는 것은 아니라고 생각한다. 우리가 이 책에서 소개하고 있는 프로젝트는 열세 개이지만 재생건축 중에서도 대표적인 사례가 F1963과 상상플랫폼이다. 두 프로젝트는 원래 산업적인 공간이었기 때문에 시민들을 위한 공공성을 가진 공간이었다고는 할 수 없다. 하지만, 규모 면에서 도시적으로 공공성을 흡수할 수 있는 틈을 갖추고 있었다. 산업 공간인 항만은 온전히 시민만을 위한 것이 아니었다. 그렇기 때문에 새로운 상상플랫폼은 시민에게 다시 내어주고 도시와 항만을 연결해 주는 것에 초점을 맞추었다.

　　이번 프로젝트를 진행하다 보니 재생건축은 다른 건축 프로젝트보다 더욱 더 건축가 혼자서 할 수 있는 것이 아니라, 건축주와 기관이 서로 상생했을 때 성공적인 프로젝트가 될 수 있다고 느꼈다. F1963도 개인이 먼저 계획했지만, 공공에서 그런 잠재력을 보고 투자한 부분이 있다. 오로지 개인만 투자를 했다면 상업화되거나 개인화될 수 있는 것을 공공성을 확보하면서 시민들을 위한 공연장이나 열린 공간으로 만들어지게 되었다. 상상플랫폼에서도 삼십 퍼센트 이상은 시민들을 위한 프로그램이 되어야 한다는 전제조건이 주어졌다. 하지만, 실제로 개인과 공공이 협력하는 과정에서 많은 어려움이 있다.

천　　민간에서는 많은 자금을 투자하다 보니, 빠른 시간 안에 수익을 창출하고 회수하려고 할 것이다. 하지만 너무 지나치게 탐욕적이면 오히려 일반 방문객의 외면을 받을 수도 있다. 또 지나치게 공공성만 강조하면 운영과 수익성의 측면에서 문제가 될 수 있다. 이런 공공성과 수익성의 양측면을 어떻게 잘 조절할 것인가가 관건이다. 일반적으로는 기획자가 민간과 공공을 조율하는 역할을 잘 할 수 있지만, 문제는 기획자나 건축가에게는 그런 권한을 부여하지 않는다. 지나치게 획기적인 아이디어가 되면 공공에서 부담감을 가질 것이고 오히려 쉽게 소화하기도 어렵다. 수익성이 적다면 민간은 매력이나 동기부여를 느끼지 못하는 문제도 생긴다. 따라서 적절한 혁신성과 수익성, 그리고 공공성의 세 마리 토끼를 잡아야 한다.

상상플랫폼이 들어설, 지금은 사용하지 않는 거대한 규모의 곡물 창고.

윤　건축가가 운영적인 소프트웨어에 관한 가이드를 줄 순 있지만,
모든 부분에서 관여하긴 어려운 것이 현실이다. 상상플랫폼에서는 꽤
성공적인 열린 공간을 계획했다. 창고 공간 가운데 삼십 미터 정도를 비워,
상상플랫폼을 이용하지 않아도 누구나 바다에 접근할 수 있다.

　　우리 주변에는 재생건축 프로젝트에 대한 선례가 많다. 하지만
대부분 공간들을 엄격하게 만들어 변화를 능동적으로 수용할 수 없다.
상상플랫폼은 어떤 프로그램이 들어와도 유동적으로 수용할 수 있도록
오픈 플랜으로 계획 중이다. 또 이곳을 방문하는 사람들은 인공으로 만든
길을 거닐면서 자유롭게 이동할 수 있다.

천　도시와 항만을 연결하는 길을 열어 두는 것이 중요한 것 같다. 그렇다면
공간 운영과 프로그램의 측면에서 중요한 개념이 있다면 그것은 무엇인가?

윤　공간을 조성하는 것뿐만 아니라, 프로그램에 관해 운영 사업자와도
많은 이야기를 나누었다. 이곳의 주요 프로그램은 영화관이다. 하지만
일반적인 영화관이 아니라 항만이 바라보이거나 특별한 기기를 타면서
관람하는 등, 아주 특별한 영화관으로 제안했다. 또 일시적인 콘셉트를
가진 영화관을 계획했다. 꼭 이 시설을 이용하지 않아도 상상플랫폼의 여러
공간을 경험할 수도 있다. 지붕면을 따라 설치된 계단은 다양한 외부로의

상상플랫폼을 제안한 곡물 창고 내부. 곡물 분류와 저장을 위해 지어진 독특한 구조물과 세월의 흔적이 묻어나는 벽면과 창호는 그 어느 건물도 대체할 수 없는 특별함이 있었다.

접근을 도와준다. 노을이 지는 바다를 누구나 감상할 수 있게 되면서 이곳은 인천의 명소가 될 것이다.

　상상플랫폼 하나를 완성한다고 해서, 성공하는 프로젝트가 아니다. 이곳이 시작점이 되어 주변에 영향을 주고, 또 다른 새로운 공간이 들어올 수 있도록 확장성을 염두에 두어야 한다.

천　인천에는 인천아트플랫폼이나 누들플랫폼, 자유공원, 근대건축물 등 많은 종류의 플랫폼이 있다. 이러한 공간을 잘 연결해 주면 새로운 형식의 '점적 어바니즘(spot urbanism)' 즉 도시의 작고 특색 있는 프로그램의 지점들을 연결하여 도시의 창의적인 인프라를 형성하거나 작은 요소에서 출발하는 도시 조성 방식으로 이어질 수 있을 것이다. 한편으로 재생건축은 낡은 옛 흔적을 그대로 둔다고만 해서 매력적인 공간이 되는 것은 아닌 것 같다. 비씨에이치오 파트너스만의 재생건축을 풀어나가는 방식이 있는가?

윤 지금은 재생건축이 유행처럼 번지고 있다. 작은 창고를 리모델링하는 것도 재생건축, 재생 인테리어가 될 수 있다. 우리도 재생건축에 대해 많이 고민하고 있다. 우리가 생각하는 재생건축이란 기존에 있던 것으로 다시 돌아가는 것이 아니라, 기존에 있는 것을 해석하고 새로운 비전을 제시하는 것이라 생각한다. 기존 프로그램이 공장이라고 하면 공장의 요소를 노출해 산업적 공간을 만들었을 때, 이는 재생을 분위기로만 활용한 것이다. F1963은 공장의 거친 모습을 그대로 둔 공간도 있지만, 우리가 더 중요하게 생각했던 부분은 중정을 만들고 모든 공간을 자유롭게 연결한 것이다. 공간을 막아 두는 것이 아니라, 공간이 살아날 수 있도록 인프라스트럭처를 재구축하는 것을 중요하게 생각했다. 단순하게 인테리어를 바꿔서 산업적인 미감으로 만드는 것과 다른 것 같다.

천 원래 가지고 있던 도시의 정체성을 도시적 소재나 흔적만이 아니라 지역의 정신과 유무형의 힘에 기반하지만 새롭게 창조적인 에너지와 활력을 붙여가면서 제3의 창조적 공간을 만드는 것이 중요하다. 1 더하기 1이 2가 아니라 5나 6이 되도록 새로운 단계의 가능성을 열어주는 것이다. 이것이 사실 창조적 부가가치이고 일종의 '장소 재창안(place reinventing)'의 핵심개념이라고 생각한다.

윤 레이프 교수의 안내로 함부르크에서 시작해 남동부 덴마크 콜딩, 코펜하겐을 거친 삼 박 사 일간의 재생건축 기행을 다녀온 적이 있다. 여러 프로젝트 가운데, 인상석인 건축물을 두 개만 소개하자면, 하나는 바덴해센터(Wadden Sea Center)다. 이곳은 덴마크 서해안에 접한 유네스코세계문화유산 지역이자 갯벌 습지 생태계 보호구역 내에 있다. 습지 생태계를 위한 전시공간으로 설계된 이 건물은 지역의 전통 건축 방식인 초가지붕을 창의적으로 재해석해 주변 자연과 조화를 이룰 뿐만 아니라 기존 건물과 새로운 전시공간을 아우르는 하나의 인상적인 건축물을 만들어냈다. 지역의 오래된 건물의 배치와 형태를 활용하면서도 현대적으로 해석하여 새로운 기능을 담았고, 기존의 건물을 감싼 아카시아

세계문화유산으로 지정된 갯벌 습지에 완성된 덴마크 바덴해센터. 기존 건축물을 활용해 덴마크 건축가 도르트 맨드럽(Dorte Mandrup)이 설계했다.

13세기 말 덴마크, 콜링후스 성(Koldinghus Castle)이 세워졌지만, 큰 화재로 많은 부분 손상되어 있었다. 1972년부터 1992년까지 잉에르와 요하네스가 복원 및 리노베이션 했다.

나무 사이딩과 새로이 증축된 부분을 감싼 초가지붕은 자연스럽게
연결되며 'ㅁ'자 중정을 만들었다.

1800년 초 불에 타 백오십 년간 폐허로 남아 있던 콜링후스 성을
잉에르와 요하네스(Inger and Johannes Exner) 부부 건축가가 1972년부터
이십 년에 걸쳐 리노베이션했다. 기존의 폐허를 복구하기보다는 기존의
흔적을 그대로 남기고 공간마다 특징을 살리고, 역사를 고려해 예술적으로
재해석했다. 기존 건물로부터 자라난 듯한 목구조의 기둥은 새로운 지붕과
표피를 가볍게 떠받쳐 기존 흔적을 보호하고 무너진 성벽의 선을 그대로
보여준다. 전시 동선에 따라 한 바퀴 돌고 나오면 기존의 흔적과 새로이
해석하여 극적으로 전달하는 공간, 그 디테일들에 감탄하지 않을 수가
없었다.

이 두 건물 이외에도 기존 벙커를 사구 지형과 연결하여 미술관으로 만든
비야케 잉겔스 그룹(Bjarke Ingels Group, BIG)의 티르피츠박물관(Tirpitz
Museum), 코펜하겐 북항에 남겨진 사일로를 활용한 고급 주거나 문화시설
등을 보며, 기존의 것과 새로운 것을 다루는 섬세함과 디테일의 밀도를
확인할 수 있었다. 재생건축은 하나의 유행이거나 완성형이기보다는,
기존의 것을 재해석하고 지속가능하도록 현재와 미래를 연결하는
일이어야 함을 느꼈다.

우리나라에도 항만시설이나 사일로가 있어 한국적인 재생건축을 만들
수 있을 것 같다. 하지만 거대 자본이 들어와 개발할 때, 기존 공간의 특징이
잘 유지될 수 있을지 걱정된다. 누군가 개발에 대한 방향을 제시해 주면
좋겠다.

천   동감이다. 비야케 잉겔스 그룹이 설계한 아마게르 자원센터(Amager
Resource Center)는 쓰레기 소각장 위에 스키 슬로프를 설치했다. 토마스
헤더윅(Thomas Heatherwick)은 남아프리카 케이프타운의 사일로를
개조해 자이츠 아프리카 현대미술관(Zeitz MOCCA)을 설계했다. 기존
공간을 활용해 창의적인 미술관을 만든 것처럼 우리도 독특하고 혁신적인
솔루션이 필요하다. 그런 프로젝트가 많이 나오게 하기 위해서는 문화생산

인프라 구축을 위한 한 단계 진전된 플랫폼과 인력양성, 그리고 작동구조를 만드는 것이 중요하다. 앞으로 혁신적인 부분을 보여주는 것이 필요하지 않을까 싶다. 코펜하겐처럼 부산과 인천이 배를 통해 근대화해 나갔듯, 우리 도시재생의 새로운 가능성과 패러다임을 만들어낼 수 있다고 생각한다.

이 대담은 2019년 7월 2일 비씨에치오 파트너스 사무실에서 이루어졌다.

부록

프로젝트 개요 및 세부 도면

루가노 도시발전사 기념관	설계담당: 조병수 용도: 박물관
온그라운드 갤러리	설계담당: 우수민, 전소현 용도: 문화 및 집회시설, 근린생활시설
임랑문화공원	설계담당: 홍경진, 김숙정, 이주형, 최동욱(감리) 용도: 제1종 근린생활시설, 문화 및 집회시설 건축면적: 797.35m^2
예올 북촌가	설계담당: 김혜수 용도: 제1종 근린생활시설 건축면적: 80.03m^2
몬트리올 해양박물관	설계담당: 조병수 용도: 뮤지엄
보스턴 열린극장: 완벽한 혼돈	설계담당: 조병수 용도: 극장
중앙청 지하 박물관	설계담당: 조병수, 박성민 용도: 문화 및 집회시설 건축면적: 7,336.25m^2
성북동 스튜디오 주택	설계담당: 조병수 용도: 단독주택, 작업실(비씨에이치오 파트너스 전 사무실)
오일팔 민주평화교류원	설계담당: 홍경진, 이덕종, 임지수 용도: 문화 및 집회시설 건축면적: 835.12m^2(경찰청 본관) / 353.12m^2(민원실)
F1963	설계담당: 권도연, 최하영, 신명, 차윤지 용도: 문화 및 집회시설, 제2종 근린생활시설 건축면적: 10,184.51m^2
네 조각 집	설계담당: 이해민, 전소현, 이치훈 용도: 단독주택(아티스트 레지던스), 주민문화시설 건축면적: 267.24m^2
금곡동 15-1	설계담당: 김민영, 이해민 용도: 근린생활시설 건축면적: 154.34m^2
상상플랫폼	설계담당: 윤자윤, 최동욱, 이치훈 용도: 문화 및 집회시설, 판매시설, 근린생활시설 등 건축면적: 14,112.6m^2

루가노 도시발전사 기념관

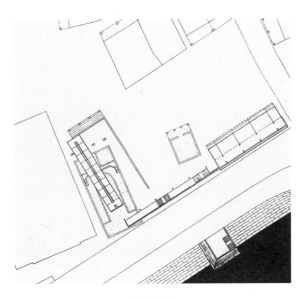

1층 평면도

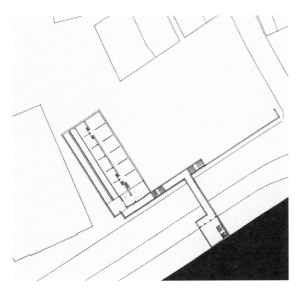

지하 1층 평면도

A'

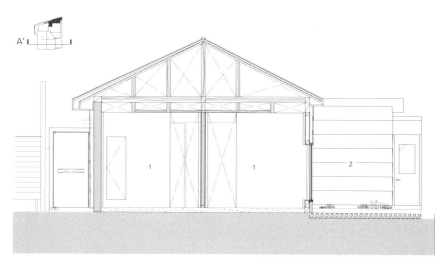

1 Exhibition
2 Courtyard
3 Hall
4 Library / Meeting room

단면도 A'

0 ⊢⊣ 1m

D'

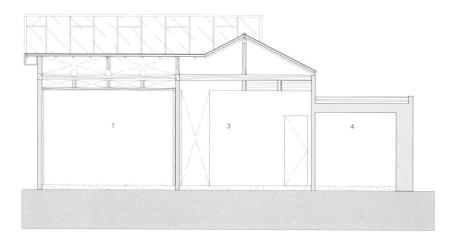

단면도 D'

임랑문화공원

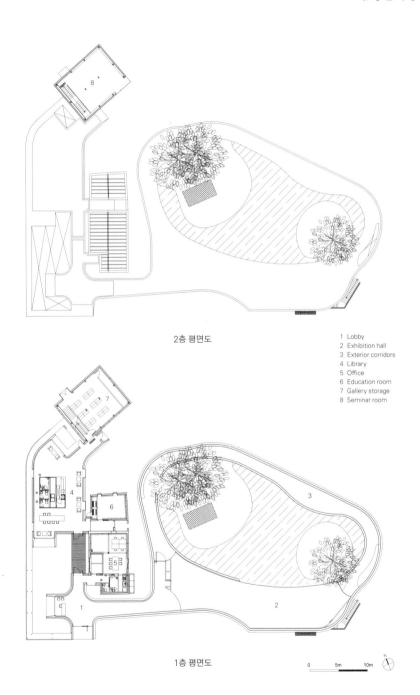

2층 평면도

1 Lobby
2 Exhibition hall
3 Exterior corridors
4 Library
5 Office
6 Education room
7 Gallery storage
8 Seminar room

1층 평면도

0   5m   10m

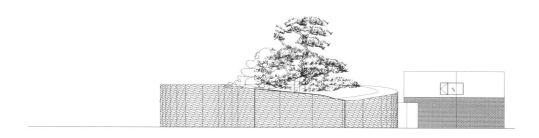

동측면도

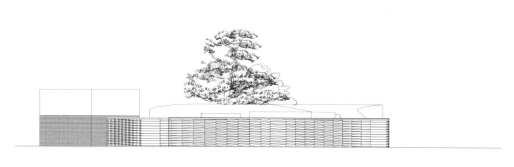

서측면도

임랑문화공원

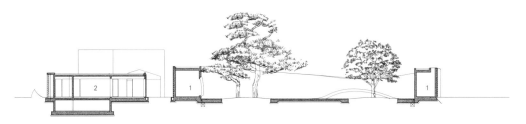

단면도 A

1 Exterior corridors
2 Library
3 Exhibition hall
4 PIT
5 Machinery room
6 Dry area

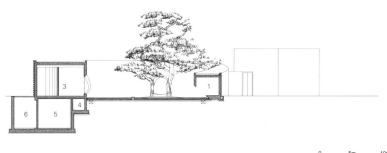

단면도 B

0　　5m　　10m

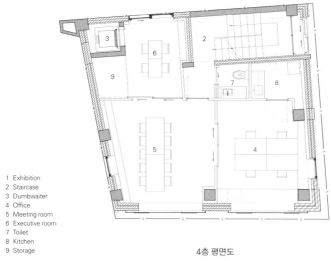

1 Exhibition
2 Staircase
3 Dumbwaiter
4 Office
5 Meeting room
6 Executive room
7 Toilet
8 Kitchen
9 Storage

4층 평면도

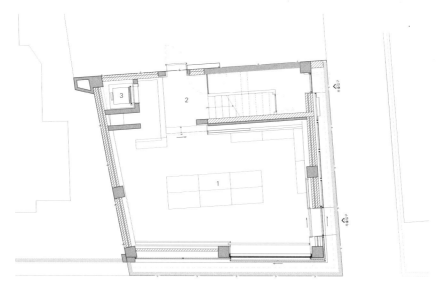

1층 평면도

예올 북촌가

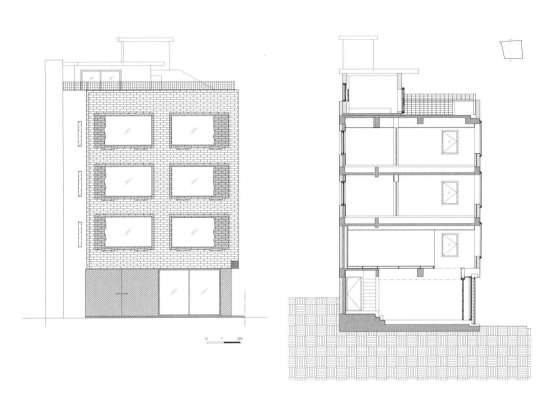

서측면도   단면도

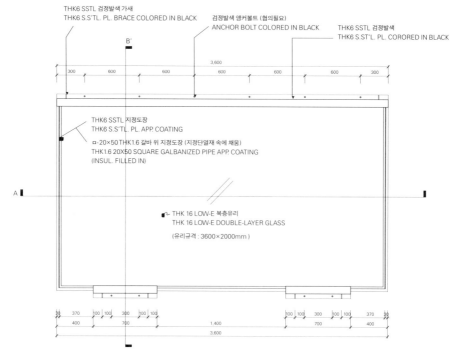

THK6 SSTL 검정발색 가새
THK6 S.S'TL. PL. BRACE COLORED IN BLACK

검정발색 앵커볼트 (협의필요)
ANCHOR BOLT COLORED IN BLACK

THK6 SSTL 검정발색
THK6 S.ST'L. PL. CORORED IN BLACK

B'

3,600

300 · 600 · 600 · 600 · 600 · 600 · 300

THK6 SSTL 지정도장
THK6 S.S'TL. PL. APP. COATING

□-20×50 THK1.6 갈바 위 지정도장 (지정단열재 속에 채움)
THK1.6 20X50 SQUARE GALBANIZED PIPE APP. COATING
(INSUL. FILLED IN)

A

THK 16 LOW-E 복층유리
THK 16 LOW-E DOUBLE-LAYER GLASS

(유리규격 : 3600×2000mm)

30 370 100 100 300 100 100 · · 100 100 300 100 100 370 30
400 700 · 700 400
1,400
3,600

창호 부분 입면도

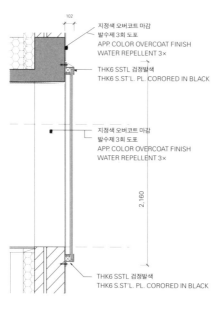

102

지정색 오버코트 마감
발수제 3회 도포
APP. COLOR OVERCOAT FINISH
WATER REPELLENT 3×

THK6 SSTL 검정발색
THK6 S.ST'L. PL. CORORED IN BLACK

지정색 오버코트 마감
발수제 3회 도포
APP. COLOR OVERCOAT FINISH
WATER REPELLENT 3×

2,160

THK6 SSTL 검정발색
THK6 S.ST'L. PL. CORORED IN BLACK

창호 부분 단면도 B'

성북동 스튜디오 주택

입면도

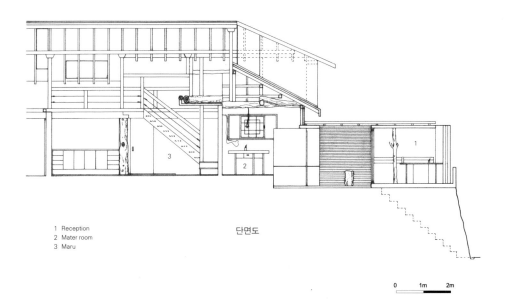

1 Reception
2 Mater room
3 Maru

단면도

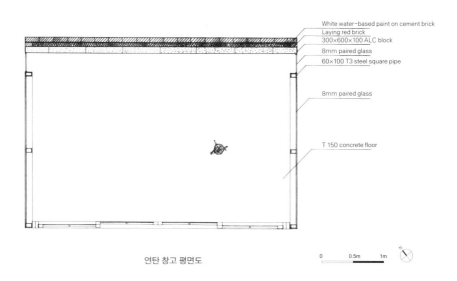

White water-based paint on cement brick
Laying red brick
300×600×100 ALC block
8mm paired glass
60×100 T3 steel square pipe

8mm paired glass

T 150 concrete floor

연탄 창고 평면도

0   0.5m   1m

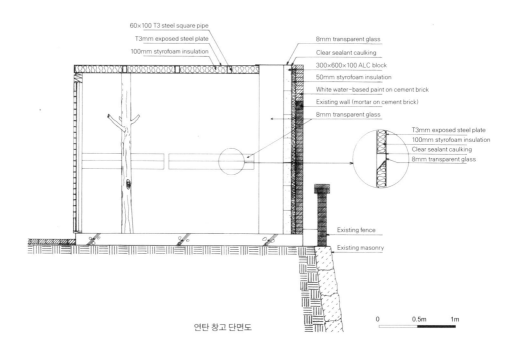

60×100 T3 steel square pipe
T3mm exposed steel plate
100mm styrofoam insulation

8mm transparent glass
Clear sealant caulking
300×600×100 ALC block
50mm styrofoam insulation
White water-based paint on cement brick
Existing wall (mortar on cement brick)
8mm transparent glass

T3mm exposed steel plate
100mm styrofoam insulation
Clear sealant caulking
8mm transparent glass

Existing fence
Existing masonry

연탄 창고 단면도

0   0.5m   1m

오일팔 민주평화교류원

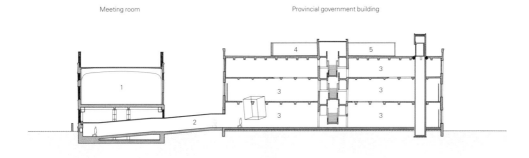

Meeting room   Provincial government building

1 Educational Center
2 Passageway
3 Exhibition
4 Toilet
5 Café

구 전남도청 회의실–구 전남지방경찰청 민원실 단면도

0   5   10m

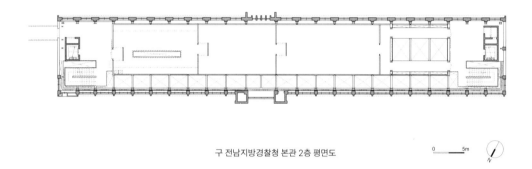

구 전남지방경찰청 본관 2층 평면도

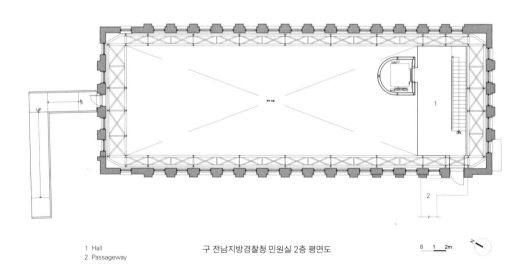

1 Hall
2 Passageway

구 전남지방경찰청 민원실 2층 평면도

F1963

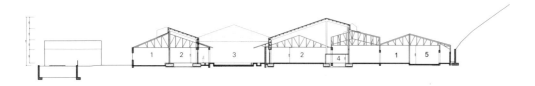

1 Factory
2 Commercial
3 Courtyard
4 Kitchen
5 Mechanic room
6 Backyard
7 Bridge

단면도 A

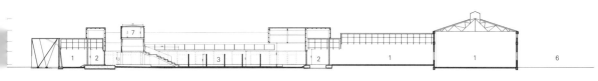

단면도 B

0   10m   20m

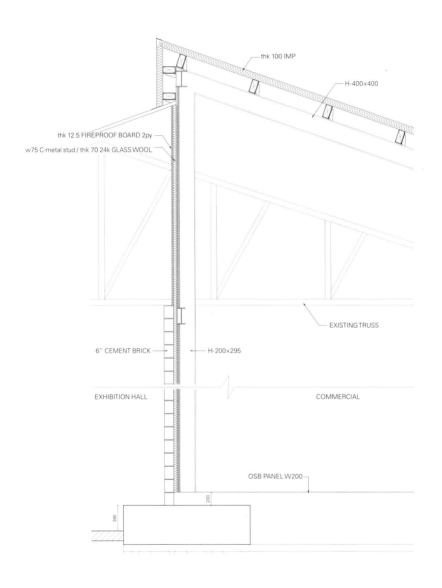

thk 100 IMP

H-400×400

thk 12.5 FIREPROOF BOARD 2py

w75 C-metal stud / thk 70 24k GLASS WOOL

EXISTING TRUSS

6" CEMENT BRICK

H-200×295

EXHIBITION HALL

COMMERCIAL

OSB PANEL W200

200

390

지붕 단면 상세도

0   0.5m   1m

F1963

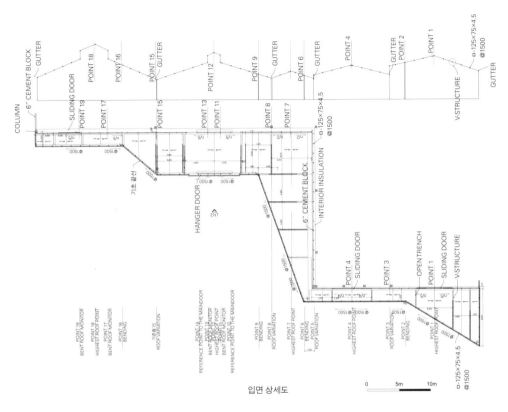

입면 상세도

0　5m　10m

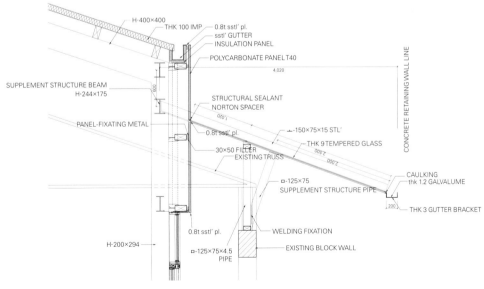

- H-400×400
- THK 100 IMP
- 0.8t sstl' pl.
- sstl' GUTTER
- INSULATION PANEL
- POLYCARBONATE PANEL T40
- SUPPLEMENT STRUCTURE BEAM
- H-244×175
- STRUCTURAL SEALANT
- NORTON SPACER
- PANEL-FIXATING METAL
- 0.8t sstl' pl.
- -150×75×15 STL'
- THK 9 TEMPERED GLASS
- 30×50 FILLER
- EXISTING TRUSS
- CONCRETE RETAINING WALL LINE
- -125×75
- SUPPLEMENT STRUCTURE PIPE
- CAULKING
- thk 1.2 GALVALUME
- THK 3 GUTTER BRACKET
- 0.8t sstl' pl.
- WELDING FIXATION
- H-200×294
- -125×75×4.5 PIPE
- EXISTING BLOCK WALL

캐노피 상세도

0　0.5m　1m

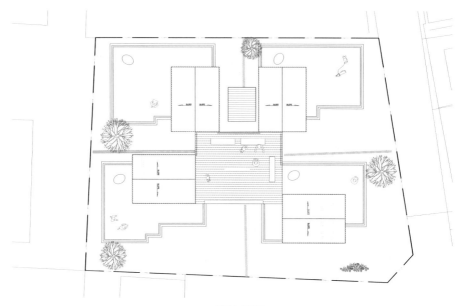

지붕층 평면도

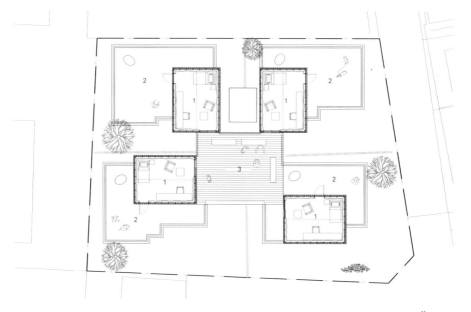

1 Living space
2 Private space(courtyard)
3 Semi public space

2층 평면도

네 조각 집

1 Living space
2 Semi public space
3 Semi private space
4 Public space

단면도

0 1 2m

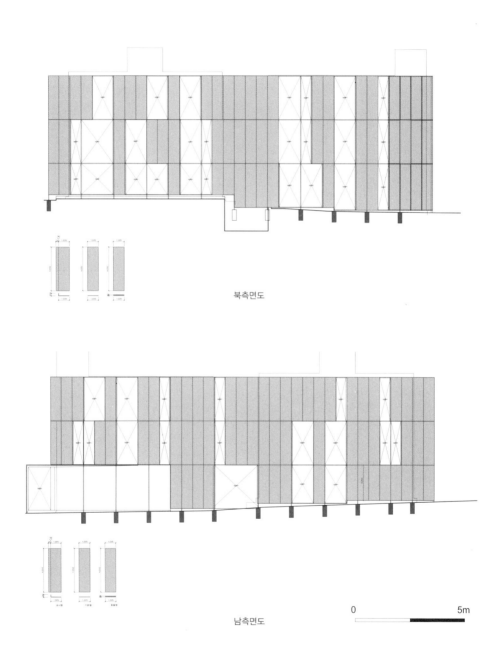

북측면도

남측면도

0　　　　　　　　　5m

금곡동 15-1

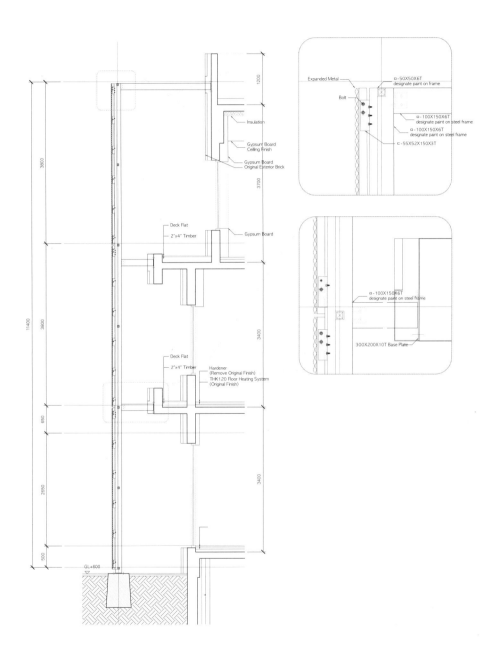

단면 상세도

비씨에이치오 파트너스(BCHO PARTNERS)
단순한 구조와 자연에 대한 충분한 배려를 추구하며
디자인-빌트(DESIGN-BUILT) 건축사무소로
1994년 설립되어 현재는 조병수, 이지현, 윤자윤
세 명이 파트너 체제로 운영하고 있다. 최근에는
온그라운드 갤러리, 임랑문화공원, 예올 북촌가
그리고 F1963까지 다양한 프로젝트로 재생건축을
이어나가고 있다.

조병수(趙秉秀)
미국 몬태나주립대학교에서 건축을 전공하고,
하버드대학교 대학원에서 건축학 그리고
도시설계학으로 석사학위를 받았다. 이때부터
루가노, 몬트리얼, 보스턴 프로젝트 등 당시로서는
생소했던 재생건축, 도시재생 프로젝트를 제안했다.
1994년 건축연구소를 개소한 이후, '경험과 인식',
'존재하는 것 존재했던 것', 一 자 집과 ㄱ자집,
'현대적 버내큘러(Modern Vernacular)', '유기성과
추상성' 등의 테마를 가지고 활발히 활동해
왔다. 하버드대학교, 독일 카이저스라우테른
국립대학교, 연세대학교, 몬태나주립대학교 등
여러 대학에서 설계와 이론을 가르쳤고 2014년에는
덴마크 오르후스건축학교 석좌교수를 역임했다.
대표작으로는 F1963, 남해 사우스케이프 호텔,
퀸마마마켓, ㅁ자집, 트윈트리 타워, 땅집 등이
있으며, 한국건축가협회상, 아천상, 영국 AR
하우스 어워드, 김수근문화상, 미국건축가협회상
등을 수상했다. 저서로는『Byoung Cho』,
『조병수』(+Architect 03),『땅속의 집, 땅으로의
집』(건축가 프레임 시리즈 01)이 있다.

레이프 호이펠트 한센(Leif Høgfeldt Hansen)
덴마크 출생으로 오르후스건축학교(Arkitektskolen
Aarhus)를 졸업하고, 현재 동 대학에서 부교수로
재직하고 있다. 1993년 일본에 머물면서 일본 전통
주택에 대해 연구했으며, 1998년 오슬로에서 중국
건축과 도시관련 객원교수로 활동했고, 덴마크
예술위원회 위원으로 있었다. 광주 폴리Ⅲ의
작가로 참여하여 위치에 따라 유연하고 유동적으로
변화하는 플랫폼을 만들었다.

천의영(千宜令)
서울대학교 건축학과를 졸업하고 하버드 대학원에서
석사학위, 서울대학교 대학원에서 박사학위를
받았다. 1999년 업소 및 주택 재생 프로그램인
MBC 신장개업과 러브하우스에 출연했고, 광주
폴리Ⅲ 총감독, 서울시 공공건축가, UIA2017
서울세계건축대회 조직위원회 기획홍보위원장,
2018년 한중일 건축학회 심포지움 ISAIA의 로컬
조직위원장을 역임했다. 현재 경기대학교 건축학과
교수로 재직하고 있고, 2020년 한국건축가협회
수석부회장으로 활동했다. 저서로는『열린 공간이
세상을 바꾼다』가 있고, 공저로는『그리드를
파괴하라』,『Gwangju Folly Ⅱ』,『see, play, eat, walk:
Gwangju Folly Ⅲ』 등이 있다.

윤자윤(尹子允)
고려대학교 건축학과를 졸업하고, 영국왕립예술학교
인테리어디자인 석사학위를 받았다. 2014 메이
디자인 시리즈(May Design Series)에서 공모 당선으로
팝업-바(Popup-bar)를 설치했고, 베이징 디자인
위크(Beijing Design Week) 등 다양한 스케일의
전시에도 참여했다. 2015년부터 비씨에이치오
파트너스에서 실무를 쌓았고 2019년부터 파트너로
일하고 있다. '재료 연구(Material Investigation)'를
주제로 하와이대학교에서 건축설계스튜디오 튜터로
활동했다.

이치훈(李治勳)
한양대학교 건축학부를 졸업하고 2017년부터
비씨에이치오 파트너스에서 실무를 쌓고 있다.
도곡리 단독주택, 예올 북촌가 리모델링 등과
같은 프로젝트에 참여했으며,「넥스토피아 '네
조각 집'」(2017),「땅으로의 건축, 땅으로부터의
건축」(2018),「숨쉬는 건축」(2019) 전시를 진행했다.

사진 제공

김용관 16(위 오른쪽), 33, 35, 41, 45-47, 67, 70-72, 74-77, 130, 134, 136, 137, 139-145; Sergio Pirrone 16(아래), 34, 36, 38, 42, 48, 49, 53, 54, 57, 58(위), 60-63, 149, 150, 154, 156, 157-161, 175, 176, 178-185, 206; Stephen Booth 105(위).

연락이 닿지 않거나 저작권자가 불명확해 확인하지 못한 사진은 추후 확인되는 대로 해결할 예정입니다.

새로 숨쉬는 공간

조병수의 재생건축 도시재생

초판1쇄 발행일 2020년 12월 20일
초판2쇄 발행일 2021년 6월 15일
발행인 李起雄 발행처 悅話堂
전화 031-955-7000 팩스 031-955-7010
경기도 파주시 광인사길 25 파주출판도시
www.youlhwadang.co.kr yhdp@youlhwadang.co.kr
등록번호 제10-74호 등록일자 1971년 7월 2일
편집 이수정 공을채 디자인 박소영
인쇄 제책 (주)상지사피앤비

ISBN 978-89-301-0689-4   93540
값 50,000원

Newly Breathing Architecture © 2020 BCHO PARTNERS
Published by Youlhwadang Publishers.
Printed in Korea.